社会消防安全教育培训系列丛书

消防安全责任人与管理人培训教程

清大东方教育科技集团有限公司　编

中国人民公安大学出版社

·北　京·

图书在版编目（CIP）数据

消防安全责任人与管理人培训教程/清大东方教育科技集团有限公司编. —北京：中国人民公安大学出版社，2018.1

（社会消防安全教育培训系列丛书）

ISBN 978 - 7 - 5653 - 3190 - 9

Ⅰ.①消… Ⅱ.①清… Ⅲ.①消防—安全管理—技术培训—教材 Ⅳ.①TU998.1

中国版本图书馆 CIP 数据核字（2018）第 016175 号

消防安全责任人与管理人培训教程

清大东方教育科技集团有限公司　编

出版发行：中国人民公安大学出版社
地　　址：北京市西城区木樨地南里
邮政编码：100038
经　　销：新华书店
印　　刷：北京市泰锐印刷有限责任公司

版　　次：2018 年 3 月第 1 版
印　　次：2022 年 2 月第 2 次
印　　张：13
开　　本：787 毫米×1092 毫米　1/16
字　　数：270 千字

书　　号：ISBN 978 - 7 - 5653 - 3190 - 9
定　　价：45.00 元

网　　址：www.cppsup.com.cn　　www.porclub.com.cn
电子邮箱：zbs@cppsup.com　　zbs@cppsu.edu.cn

营销中心电话：010 - 83903254
读者服务部电话（门市）：010 - 83903257
警官读者俱乐部电话（网购、邮购）：010 - 83903253
教材分社电话：010 - 83903259

消防安全责任人与管理人培训教程

撰稿人：景　绒　丁显孔　田玉敏
　　　　刘茂华
审　核：赵瑞锋

作者简介

消防安全责任人与管理人培训教程

景绒，中国人民武装警察部队学院消防工程系教授，研究生导师，全国消防标准化委员会固定灭火系统分技术委员会委员，消防行业国家职业标准制定专家工作组专家，消防安全教育专家。出版专著3部，主编和参编著作及教材16部，主持和参与完成国家及省部级科研项目9项，主持编制完成公共安全行业标准2部，发表学术论文20篇。荣获省部级科学技术一等奖、二等奖、三等奖各1次，荣立个人三等功2次，荣获公安部直属机关"巾帼建功"先进个人称号1次。

丁显孔，高级建（构）筑消防员，高级工程师，清大东方教育科技集团有限公司副总经理。从事消防工作多年，具有灭火救援、消防装备、城乡消防规划、消防技术服务等方面的工作经验，是多部地方标准和行业标准的主要起草人。

田玉敏，中国人民武装警察部队学院消防工程系建筑防火教研室教授，安全工程方向硕士研究生导师，清华大学校外兼职导师。南开大学博士研究生学历，博士学位。三十年来一直从事消防工程专业的教学、科研工作。核心以上期刊发表论文100余篇，出版学术专著多部，主持完成国家、省部级多个科研项目，2009年获得公安部科学技术进步三等奖。

刘茂华，硕士研究生学历，长期从事消防法制、监督检查、火灾事故调查、宣传培训等工作，在全国核心期刊发表相关论文10余篇，考取了公安部人民警察高级执法资格、公安部消防局一级消防岗位资格和全国一级注册消防工程师资格，具有较丰富的理论和实践经验。

前　言

　　党的十九大报告指出：中国特色社会主义进入新时代，我国社会主要矛盾已经转化为人民日益增长的美好生活需要和不平衡不充分的发展之间的矛盾。预防火灾事故、减少火灾危害、维护公共安全是享有美好生活的基本前提。消防工作关系到千家万户的平安幸福，关系到每一个人的工作和生活。

　　大量惨痛的火灾事故教训告诉我们，面向全社会开展长期持续、专业对口的消防安全教育培训，是最直接、最经济、最有效的消防安全基础工作，必须坚持不懈地开展下去。随着我国经济和社会的快速发展，社会各界对消防安全教育培训的要求越来越迫切。公民对消防安全教育培训的形式、内容和专业性提出了更高的期待和要求。为此，清大东方教育科技集团有限公司作为我国规模最大、覆盖面最广的消防安全培训机构，组织专家学者编写了社会消防安全教育培训系列丛书，以满足消防安全教育培训的实际需要。

　　本套丛书以《中华人民共和国消防法》、《消防安全责任制实施办法》（国办发〔2017〕87号）、《社会消防安全教育培训规定》（公安部109号令）、《社会消防安全教育培训大纲（试行）》（公消〔2011〕213号）为依据，深刻总结历次火灾事故经验教训，借鉴世界各国成熟经验，研究新时期消防安全教育培训特点，充分考虑消防安全教育培训一线迫切需求，力求做到有的放矢、科学实用。

　　本套丛书的编写者，来自公安消防战线长期从事消防宣传教育的专家和消防安全培训行业资深教育工作者，对消防安全教育培训既有较高的理论水平，又有丰富的实践经验，使之在编写质量上有了可靠保障。

本套丛书共 28 册，分批次陆续出版，是目前我国适用范围最广、专业性最强的消防安全教育培训教材，可满足不同阶层、不同读者的自学需要和消防安全教育培训教员使用，也可供消防工作者阅读参考。

"社会消防安全教育培训系列丛书"编审委员会
2018 年 1 月

编 写 说 明

  为深入贯彻《中华人民共和国消防法》、《中华人民共和国安全生产法》和党中央、国务院关于安全生产及消防安全的重要决策部署，根据《公安部消防局 2017 年消防工作要点》对社会单位消防安全责任人、消防安全管理人和专（兼）职消防安全人员进行培训的要求，依据公安部、教育部、人力资源和社会保障部制定的《社会消防安全教育培训大纲（试行)》（公消〔2011〕213 号)，清大东方教育科技集团有限公司组织编写了《消防安全责任人与管理人培训教程》这部消防培训教材。

  全书共五章：第一章消防安全基本知识，第二章常用消防法律规范，第三章消防工作基本要求，第四章消防设施与器材的维护管理，第五章消防基本能力训练。本教材在编写过程中按照理论和实践相结合的原则，突出消防安全管理和基本技能，注重能力提高，其体系完整、结构合理、内容全面、图文并茂，结合火灾案例，由浅入深，符合知识学习的逻辑关系和教学需要。通过学习，旨在增强单位消防安全责任人、消防安全管理人及专（兼）职消防安全人员的消防安全法律意识、责任意识和主体意识，提高检查消除火灾隐患、组织扑救初起火灾、组织引导人员疏散逃生和消防宣传教育培训的能力。

  本教材由中国人民武装警察部队学院消防工程系景绒教授承担组织、大纲设计及统稿等工作，原北京消防总队高级工程师赵瑞锋主审。其中，第一章第一节、第四节，第二章，第三章，第四章由景绒教授编写；第一章第二节、第五节由中国人民武装警察部队学院消防工程系田玉敏教授编写；第一章第三节由北京市丰台区公安消防支队刘茂华工程师编写；第五章由清大东方教育科技集团有限公司丁显孔副总经理编写。

  本教材的编写工作得到了公安部消防局标准规范处原处长马恒高级工程师、山东省泰安市公安消防支队原支队长许传升高级工程师、浙江省公安消防总队原副总队长邵裕桥、清大东方教育科技集团有限公司总经理杨忠良、北京市昌平区公安消防支队原支队长陈广民等领导和专家的审阅，并提出了许多宝贵的意见，在此表示衷心的感谢！

由于编者水平所限，书中难免出现错误和不妥当之处，敬请广大读者批评指正。

编　者

2017 年 12 月

目 录
CONTENTS

第一章　消防安全基本知识

【内容提要】本章主要介绍了火灾的基本知识、建筑防火和电气防火的基本知识以及火灾报警与灭火的基本方法、火场疏散逃生常识等内容。通过本章学习，读者应了解火灾的概念及其危害性、火灾发生的主要原因、爆炸的概念及分类，建筑构件的燃烧性能和耐火极限、常见的防火分隔物、建筑装修和保温材料防火，掌握火灾的分类及其事故等级的划分、燃烧的条件、防火的基本原理、建筑物的分类、建筑总平面布局防火要求、安全疏散及建筑防火与防烟分区的基本要求、电气防火基本要求、建筑火灾发展与蔓延规律、火场逃生及火灾报警与灭火的基本方法等知识。

火灾基本知识、建筑防火基本知识、电气防火基本知识、火灾报警及灭火的基本方法、火场疏散逃生常识等内容，是社会单位消防安全责任人、管理人和专职消防安全管理人员开展单位消防安全管理必备的消防安全基本知识。

第一节　火灾基本知识

一、燃烧

（一）燃烧的概念

燃烧是指可燃物与氧化剂作用发生的放热反应，通常伴有火焰、发光和（或）烟气的现象。

（二）燃烧的条件

1. 燃烧的必要条件。

燃烧的发生和发展，必须具备三个要素，即可燃物、助燃物（又称氧化剂）和引火源。只有这三个要素同时具备，才能够发生燃烧，无论缺少哪一个，燃烧都不会发生。燃烧的三个要素可用"燃烧三角形"来表示，如图 1-1 所示。用"燃烧三角形"来表示无焰燃烧的必要条件非常确切，但对于有焰燃烧，根据燃烧的链式反应理论，燃烧过程中存在未受抑制的自由基作中间体，因而"燃烧三角形"需增加一个"链式反应"坐标，形成燃烧四面体，即有焰燃烧需要有可燃物、助燃物、引火源和链式反应四个要素。

图 1 - 1 燃烧三角形

（1）可燃物。凡是能与空气中的氧或其他氧化剂起化学反应的物质，均称为可燃物。可燃物按其所处的状态，分为可燃固体、可燃液体和可燃气体三大类。

（2）助燃物。凡与可燃物质相结合能导致燃烧的物质称为助燃物（也称氧化剂）。空气中含有大约21%的氧，可燃物在空气中的燃烧以游离的氧作为氧化剂，这种燃烧是最普遍的。此外，某些物质也可作为燃烧反应的助燃物，如氯、氟、氯酸钾等。也有少数可燃物，如低氮硝化纤维、硝酸纤维的赛璐珞等含氧物质，一旦受热，能自动释放出氧，无须外部助燃物就可发生燃烧。

（3）引火源。凡使物质开始燃烧的外部热源，统称为引火源（也称着火源）。引火源温度越高，越容易点燃可燃物质。在生产、生活实践中常见的引火源有明火，电弧、电火花，高温，自燃，雷击等。

（4）链式反应。研究表明，多数燃烧反应不是直接进行的，而是通过未受抑制的自由基作中间体和原子瞬间进行的循环链式反应。自由基是一种高度活泼的化学形态，能与其他的自由基和分子反应，使燃烧持续进行下去。自由基的链式反应是燃烧反应的实质，而光和热则是燃烧过程的物理现象。

2. 燃烧的充分条件。

具备了燃烧的必要条件，并不意味着燃烧必然发生。发生燃烧，其"三要素"彼此必须要达到一定的量并相互作用，这就是发生燃烧或持续燃烧的充分条件。

二、火灾

（一）火灾的概念

火灾是指时间和空间上失去控制的燃烧所造成的灾害。这一概念有两层含义：一是燃烧失去控制，二是造成危害。

（二）火灾的分类

《火灾分类》（GB/T 4968 - 2008）中，按照可燃物的类型和燃烧特性，将火灾分为 A、B、C、D、E、F 六个不同的类别。

1．A类火灾。

A类火灾是指固体物质火灾。这种物质通常具有有机物性质，一般在燃烧时能产生灼热的余烬。例如，木材及木制品、棉、毛、麻、纸张、粮食等火灾。

2．B类火灾。

B类火灾是指液体或可熔化固体物质火灾。例如，汽油、煤油、原油、甲醇、乙醇、沥青、石蜡等火灾。

3．C类火灾。

C类火灾是指气体火灾。例如，煤气、天然气、甲烷、乙烷、氢气、乙炔等火灾。

4．D类火灾。

D类火灾是指金属火灾。例如，钾、钠、镁、钛、锆、锂、铝镁合金等火灾。

5．E类火灾。

E类火灾是指带电火灾。例如，变压器、家用电器、电气设备以及电线、电缆等带电燃烧的火灾。

6．F类火灾。

F类火灾是指烹饪器具内的烹饪物（如动物油脂或植物油脂）火灾。

（三）火灾事故等级划分

按照火灾造成损失程度的不同，将火灾划分为特别重大火灾、重大火灾、较大火灾和一般火灾四个等级。划分火灾事故等级的主要目的是用于火灾数据统计和火灾事故责任追究。

1．特别重大火灾。

特别重大火灾是指造成30人以上死亡，或者100人以上重伤，或者1亿元以上直接财产损失的火灾。

2．重大火灾。

重大火灾是指造成10人以上30人以下死亡，或者50人以上100人以下重伤，或者5000万元以上1亿元以下直接财产损失的火灾。

3．较大火灾。

较大火灾是指造成3人以上10人以下死亡，或者10人以上50人以下重伤，或者1000万元以上5000万元以下直接财产损失的火灾。

4．一般火灾。

一般火灾是指造成3人以下死亡，或者10人以下重伤，或者1000万元以下直接财产损失的火灾。

以上火灾等级分类所称"以上"包括本数，"以下"不包括本数。

（四）火灾发生的常见原因

火灾发生的常见原因有电气、生产作业、生活用火不慎、吸烟、玩火、放火、自燃、雷击以及其他因素，如地震、风灾等。如图1-2所示，为2016年全国火灾起火原因情况统计。

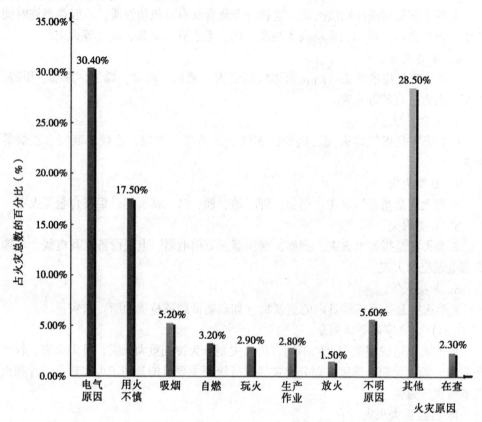

图 1 - 2　2016 年全国火灾起火原因情况统计

1. 电气原因。

根据有关资料显示，近年来全国因电气原因引起的火灾一直居高不下，在各类火灾原因当中居于首位。据统计，2007 年至 2016 年，全国共发生电气火灾 69.46 万起，造成 5325 人死亡，2736 人受伤，火灾直接损失高达 114.51 亿元。仅 2016 年，全国就有 9.48 万起火灾是由于违反电气安装使用规定等引发的，占到火灾总数的 30.4%。例如，2017 年 2 月 5 日浙江台州市天台县足馨堂足浴中心（以下简称足馨堂）发生火灾，事故共造成 18 人死亡，18 人受伤。造成这起火灾的直接原因是足馨堂 2 号汗蒸房西北角墙面的电热膜导电部分出现故障，产生局部过热，电热膜被聚苯乙烯保温层、铝箔反射膜及木质装修材料包敷，导致散热不良，热量积聚，温度持续升高，引燃周围可燃物蔓延成灾。

2. 吸烟。

众所周知，吸烟不仅危害健康，而且还容易引发火灾。吸烟引发火灾的情形主要有随手乱扔没有熄灭的烟头，卧床或酒后吸烟将烟头掉落在被褥、沙发上，以及在具有火灾、爆炸危险的场所吸烟等。例如，2004年2月15日11时许，吉林省吉林市中百商厦发生特大火灾，火灾系中百商厦伟业电器行雇工于某某向3号库房送包装纸板时，将嘴上叼着的香烟掉落在仓库中，引燃地面上的纸屑纸板等可燃物引发的。这起火灾造成54人死亡，70多人受伤，直接经济损失达426万元。我国每年因吸烟造成的火灾在起火原因中占有相当的比重。仅2016年，全国因吸烟引发的火灾占火灾总数的5.2%。

3. 生活用火不慎。

生活用火不慎主要是指城乡居民家庭生活用火不慎，如炊事用火中炊事器具设置不当，安装不符合要求，炉灶使用违反安全技术要求等引起火灾；取暖、使用燃气、烧香祭祀等过程中引发火灾。据2016年全国火灾统计，因生活用火不慎引发的火灾占火灾总数的17.5%。

4. 生产作业不慎。

生产作业不慎主要指生产过程中违反生产安全制度和操作规程引起火灾。具体表现：在焊接作业时，飞迸出的火星和熔渣，因未采取有效的防火措施，引燃周围可燃物；在易燃易爆的车间动用明火，引起爆炸起火；将性质相抵触的物品混存在一起，引起燃烧爆炸；在机器运转过程中，不按时加油润滑，或未及时清除附在机器轴承上的杂质、废物，使机器摩擦发热，引起附着物起火；化工生产设备失修，出现可燃气体、可燃液体的跑、冒、滴、漏，遇到明火燃烧或爆炸等。2016年全国因生产作业不慎引发的火灾，占火灾总数的2.8%。例如，2000年12月25日，河南省洛阳市东都商厦因施焊人员违章作业，电焊火花溅落到地下二层家具商场的可燃物上发生火灾，造成309人死亡，7人受伤，直接财产损失达275.3万元。这起火灾在社会上引起了强烈的反响。

5. 玩火。

玩火（包括燃放烟花爆竹）是造成火灾发生的又一常见原因。例如，2015年2月5日，广东省惠东县颐东义乌小商品批发城因1个男孩在该商场四楼店铺前用打火机玩火，引起货品燃烧发生火灾，造成17人死亡，2名群众、4名消防队员受伤，直接经济损失达1173万元；2009年2月9日，中央电视台新址园区在建附属文化中心工地因违规燃放烟花爆竹引发火灾，造成1名消防员牺牲，6名消防员受伤，工程主体建筑的外墙装饰、保温材料及楼内的部分装饰和设备不同程度过火，直接经济损失总计16383万元。我国每年春节期间火灾频繁，其中70%~80%是由燃放烟花爆竹引起的。2016年，全国因玩火引发的火灾占火灾总数的2.9%。

6. 放火。

放火主要指采用人为放火的方式引起的火灾。这类火灾为当事人故意为之，通常经过一定的策划准备，以放火为手段，以达到某种目的。2016年，全国因放火引发的火灾占火灾总数的1.5%。

7. 雷电。

雷电导致的火灾原因，大体上有三种：一是雷电直接击在建筑物上发生的热效应、机械效应作用等；二是雷电产生的静电感应和电磁感应作用；三是高电位雷电波沿着电气线路或金属管道侵入建筑物内部。例如，2013 年 7 月 1 日 18 时，山西省棉麻公司侯马采购供应站露天堆放的棉花垛因雷击引发火灾，导致 2.46 万吨棉花全部烧毁，过火面积约 1.05 万 m²，波及 4 座棉库。因此，在雷击较多的地区，建（构）筑物上应设置可靠的防雷保护设施，以防雷击起火。

（五）火灾的危害

火灾是各种自然与社会灾害中发生概率最高的一种灾害。据联合国世界火灾统计中心（WFSC）统计，近年来在世界范围内，每年发生的火灾次数高达600 万 ~700 万起，每年有 6.5 万 ~7.5 万人死于火灾。火灾的危害十分严重，具体表现在以下方面：

1. 毁坏财物。

凡是火灾都会毁坏财物。火灾能烧掉人类经过辛勤劳动创造的物质财富，使城市、乡村、工厂、仓库、建筑物和大量的生产、生活物资化为灰烬，将家园变成废墟；火灾能吞噬掉茂密的森林和广袤的草原，使宝贵的自然资源化为乌有；也能烧掉大量文物建筑等诸多稀世瑰宝，使珍贵的历史文化遗产毁于一旦。另外，火灾所造成的间接损失往往比直接损失更为严重，这包括受灾单位自身的停工、停产、停业，以及相关单位生产、工作、运输、通信的停滞和灾后的救济、抚恤、医疗、重建等工作带来的投入与花费。至于森林火灾、文物建筑火灾造成的财产损失更是难以用经济价值计算。随着经济的发展，社会财富日益增多，火灾给人类造成的财产损失越来越巨大。例如，2015 年 8 月 12 日，位于天津市滨海新区天津港的瑞海国际物流有限公司危险品仓库发生特别重大火灾爆炸事故，事故造成 165 人遇难，共计有 304 幢建筑物、12428 辆商品汽车、7533 个集装箱受损，直接经济损失达 68.66 亿元人民币。

2. 导致人员伤亡。

火灾能够直接或间接地残害人类生命，造成难以消除的身心痛苦。表 1 - 1 是近 5 年全国火灾导致的人员伤亡情况统计。

表 1 - 1　近 5 年全国火灾导致的伤亡人数

年份	火灾总起数（万起）	死亡人数（人）	受伤人数（人）
2012	15.2	1028	575
2013	38.8	2113	1637
2014	39.5	1815	1493
2015	33.8	1742	1112
2016	31.2	1582	1065

3. 破坏生态平衡。

火灾的危害不仅表现在毁坏财物、残害人类生命，而且还会严重破坏生态环境。例如，2006 年 11 月 13 日吉林石化公司双苯厂发生火灾爆炸事故，事故产生的主要污染物苯、苯胺和硝基苯等有机物进入松花江，引发了一起严重水体污染事件。

4. 影响社会稳定和谐。

火灾的频发，特别是重特大火灾的发生，除了会造成巨大的经济损失或人员伤亡外，往往还会产生恶劣的社会影响，破坏社会的稳定和谐、国家的长治久安、人民的安居乐业。

三、爆炸

（一）爆炸的概念

爆炸是指在周围介质中瞬间形成高压的化学反应或状态变化，通常伴有强烈放热、发光和声响。爆炸一旦发生，会对邻近的物体产生极大的破坏作用，这是由于构成爆炸体系的高压气体作用到周围物体上，使物体受力不平衡，从而遭到破坏。

（二）爆炸的分类

爆炸通常分为物理爆炸、化学爆炸和核爆炸三种类型。

1. 物理爆炸。

物质因状态变化导致压力发生突变而形成的爆炸叫作物理爆炸。物理爆炸的特点是爆炸前后物质的化学成分均不改变，如蒸汽锅炉、液化气钢瓶等爆炸，均属物理爆炸。物理爆炸本身虽没有进行燃烧反应，但它产生的冲击力有可能直接或间接地造成火灾。

2. 化学爆炸。

化学爆炸是指由于物质急剧氧化或分解产生温度、压力增加或两者同时增加而形成的爆炸现象。化学爆炸前后，物质的化学成分和性质均发生了根本的变化。这种爆炸速度快，爆炸时产生大量热能和很大的气体压力，并发出巨大的声响，如可燃气体、蒸汽或粉尘与空气形成的混合物遇火源而引起的爆炸以及炸药爆炸等都属于化学爆炸。化学爆炸能够直接造成火灾，具有很大的破坏性，是消防工作中预防的重点。

3. 核爆炸。

核爆炸是指由于原子核裂变或聚变反应，释放出核能所形成的爆炸，如原子弹、氢弹、中子弹的爆炸就属于核爆炸。

四、预防火灾的基本原理和措施

根据燃烧基本理论，只要防止形成燃烧条件，或避免燃烧条件同时存在并相互作用，就可以达到预防火灾的目的。有关预防火灾的基本原理和措施如表 1 - 2

所示。

表1-2 预防火灾基本原理和措施举例

原　理	措　施　举　例
控制可燃物	①限制可燃物质储运量 ②用不燃或难燃材料代替可燃材料 ③加强通风，降低可燃气体或蒸汽、粉尘在空间的浓度 ④用阻燃剂对可燃材料进行阻燃处理，以提高防火性能 ⑤及时清除撒漏在地面上的易燃物质、可燃物质等
隔绝空气	①密闭有可燃介质的容器、设备 ②采用隔绝空气等特殊方法储运有燃烧爆炸危险的物质 ③隔离与酸、碱、氧化剂等接触能够燃烧爆炸的可燃物和还原剂
消除引火源	①消除和控制明火源 ②安装避雷、接地设施，防止雷击、静电 ③防止撞击火星和控制摩擦生热 ④防止日光照射和聚光作用 ⑤防止和控制高温物
阻止火势 蔓延	①建筑之间设置防火间距，建筑物内设置防火分隔设施 ②在气体管道上安装阻火器、安全水封 ③有压力的容器设备，安装防爆膜（片）、安全阀 ④能形成爆炸介质的场所，设置泄压门窗、轻质屋盖等

第二节　建筑防火基本知识

一、建筑物的分类

（一）按建筑高度分类

按建筑高度不同，建筑物分为以下两类：

1. 单层、多层建筑。

建筑高度不大于27m的住宅建筑、建筑高度不超过24m或已超过24m但为单层的公共建筑和工业建筑，称为单层、多层建筑。

2. 高层建筑。

建筑高度大于27m的住宅建筑和其他建筑高度大于24m的非单层建筑。我国将建筑高度超过100m的高层建筑，称为超高层建筑。

（二）按使用性质分类

按使用性质不同，建筑物分为以下三类：

1. 民用建筑。

民用建筑按使用功能和建筑高度，又分为以下类型，如表 1-3 所示。

表 1-3　民用建筑的分类

名称	高层民用建筑		单、多层民用建筑
	一类	二类	
住宅建筑	建筑高度大于 54m 的住宅建筑（包括设置商业服务网点的住宅建筑）	建筑高度大于 27m，但不大于 54m 的住宅建筑（包括设置商业服务网点的住宅建筑）	建筑高度不大于 27m 的住宅建筑（包括设置商业服务网点的住宅建筑）
公共建筑	①建筑高度大于 50m 的公共建筑 ②任一楼层建筑面积大于 1000m² 的商店、展览、电信、邮政、财贸金融建筑和其他多种功能组合的建筑 ③医疗建筑、重要公共建筑 ④省级及以上的广播电视和防灾指挥调度建筑、网局级和省级电力调度 ⑤藏书超过 100 万册的图书馆、书库	除一类高层公共建筑外的其他高层公共建筑	①建筑高度大于 24m 的单层公共建筑 ②建筑高度不大于 24m 的其他公共建筑

2. 工业建筑。

工业建筑按照使用性质的不同，分为加工、生产类厂房和仓储类库房两大类。

3. 农业建筑。

农业建筑是指农副产业生产建筑，主要有暖棚、牲畜饲养场、烤烟房、粮仓等。

二、燃烧性能及耐火等级

（一）建筑材料及制品燃烧性能分级

建筑材料及制品燃烧性能分为 A、B1、B2、B3 四级，其燃烧性能等级如表1-4 所示。

表1-4 建筑材料及制品的燃烧性能等级

燃烧性能等级	名称	燃烧性能等级	名称
A	不燃材料（制品）	B2	可燃材料（制品）
B1	难燃材料（制品）	B3	易燃材料（制品）

（二）建筑构件的燃烧性能和耐火极限

1. 建筑构件的燃烧性能。

建筑构件的燃烧性能，主要是指组成建筑构件材料的燃烧性能。通常，我国把建筑构件按其燃烧性能分为不燃性、难燃性和可燃性三类。

（1）不燃性。用不燃烧性材料做成的构件统称为不燃性构件。不燃烧材料是指在空气中受到火烧或高温作用时，不起火、不微燃、不炭化的材料，如钢构件、钢筋混凝土构件等。

（2）难燃性。凡用难燃烧性材料做成的构件或用燃烧性材料做成而用非燃烧性材料做保护层的构件统称为难燃性构件。难燃烧性材料是指在空气中受到火烧或高温作用时难起火、难微燃、难碳化，当火源移走后燃烧或微燃立即停止的材料，如板条抹灰墙、木龙骨石膏板吊顶等。

（3）可燃性。凡用燃烧性材料做成的构件统称为可燃性构件。燃烧性材料是指在空气中受到火烧或高温作用时立即起火或微燃，且火源移走后仍继续燃烧或微燃的材料，如木材构件等。

2. 建筑构件的耐火极限。

耐火极限是指建筑构件按时间—温度标准曲线进行耐火试验，从受到火的作用时起，到失去支持能力或完整性，或失去隔火作用时止的这段时间。

（三）建筑耐火等级

耐火等级是衡量建筑物耐火程度的分级标准。建筑耐火等级是由组成建筑物的墙、柱、楼板、屋顶承重构件和吊顶等主要构件的燃烧性能和耐火极限决定的。

1. 建筑耐火等级的划分。

《建筑设计防火规范》（GB 50016-2014）把建筑耐火等级分为一、二、三、四级。规定建筑耐火等级是建筑设计防火技术措施中最基本的措施之一。

2. 不同耐火等级建筑中建筑构件耐火极限的确定。

建筑构件的耐火性能是以楼板的耐火极限为基准，再根据其他构件在建筑物中的重要性以及耐火性能可能的目标值调整后确定的。根据火灾的统计数据来看，88%的火灾可在1.5h之内扑灭，80%的火灾可在1h之内扑灭，因此，将一级建筑物楼板的耐火极限定为1.5h，二级建筑物楼板的耐火极限定为1h，以下级别的则相应降低要求。其他结构构件按照在结构中所起的作用以及耐火等级的要求而确定相应的耐火极限。

三、建筑总平面布局防火要求

（一）基本要求

1. 周围环境。

各类建筑在规划建设时，要考虑周围环境的相互影响。生产、储存和装卸易燃易爆危险物品的工厂、仓库和专用车站、码头，必须设置在城市的边缘或者相对独立的安全地带。易燃易爆气体和液体的充装站、供应站、调压站，应当设置在合理的位置，符合防火防爆要求。

2. 地势条件。

建筑选址时，还要充分考虑和利用自然地形、地势条件。甲、乙、丙类液体的仓库，宜布置在地势较低的地方，以免火灾对周围环境造成威胁；若布置在地势较高处，则应采取防止液体流散的措施。乙炔站等遇水产生可燃气体容易发生火灾爆炸的企业，严禁布置在可能被水淹没的地方。生产、储存爆炸物品的企业，宜利用地形，选择多面环山、附近没有建筑的地方。

3. 主导风向。

散发可燃气体、可燃蒸汽和可燃粉尘的车间、装置等，宜布置在明火或散发火花地点的常年主导风向的下风或侧风向。液化石油气储罐区宜布置在本单位或本地区全年最小频率风向的上风侧，并选择通风良好的地点独立设置。易燃材料的露天堆场宜设置在天然水源充足的地方，并宜布置在本单位或本地区全年最小频率风向的上风侧。

（二）防火间距

防火间距是防止着火建筑在一定时间内引燃相邻建筑，便于消防扑救的间隔距离。通过对建筑物进行合理布局和设置防火间距，防止火灾在相邻的建筑物之间相互蔓延，合理利用和节约土地，并为人员疏散、消防人员的救援和灭火提供条件，减少失火建筑对相邻建筑及其使用者强烈的辐射和烟气的影响。各类建筑之间的防火间距详见《建筑设计防火规范》（GB 50016－2014）。

（三）消防车道

消防车道是供消防车灭火时通行的道路。消防车道的设置应根据当地消防部队使用的消防车辆的外形尺寸、载重、转弯半径等消防技术参数，以及建筑物的体量大小、周围通行条件等因素确定。

1. 消防车道分类。

（1）环形消防车道。对于建筑高度高、体量大、功能复杂、扑救困难的建筑应设环形消防车道。

（2）穿过建筑的消防车道。对于一些使用功能多、面积大、长度长的建筑，如"L"形、"U"形、"口"形建筑，当沿街长度超过150m或总长度大于220m时，应在适当位置设置穿过建筑物的消防车道。对于有封闭内院或天井的建筑物，当其短边长度大于24m时，应设置进入内院或天井的消防车道。

（3）尽头式消防车道。当建筑和场所的周边受地形环境条件限制，难以设置环形消防车道或与其他道路连通的消防车道时，可设置尽头式消防车道。

（4）消防水源地消防车道。供消防车取水的消防水源地应设置消防车道，其车道边缘距离取水点不宜大于2m。

2. 消防车道技术要求。

（1）为便于消防车顺利通过，消防车道的净宽度和净空高度均不应小于4m，消防车道的坡度不宜大于8%。

（2）消防车道的荷载、消防车道的最小转弯半径、消防车道的回车场等要求详见《建筑设计防火规范》（GB 50016 - 2014）。

四、建筑防火及防烟分区

（一）防火分区

1. 防火分区的概念。

防火分区是指在建筑内部采用防火墙、楼板及其他防火分隔设施分隔而成，能在一定时间内防止火灾向同一建筑的其余部分蔓延的局部空间。

（1）水平防火分区：利用防火隔墙、防火卷帘、防火门及防火水幕等分隔物在同一平面划分。

（2）竖向防火分区：采用防火挑檐、设置窗槛（间）墙等技术手段，对建筑内部设置的敞开楼梯、自动扶梯、中庭以及管道井等采取防火分隔措施等。

2. 防火分区的面积。

防火分区的面积大小应根据建筑物的使用性质、高度、火灾危险性、消防扑救能力等因素确定。不同类别的建筑其防火分区的划分有不同的标准，详见《建筑设计防火规范》（GB 50016 - 2014）。

（二）防烟分区

1. 防烟分区的概念。

防烟分区是在建筑内部采用挡烟设施分隔而成，能在一定时间内防止火灾烟气向同一防火分区其余部分蔓延的局部空间。防烟分区一般应结合建筑内部的功能分区和排烟系统的设计要求进行划分，不设排烟设施的部位（包括地下室）可不划分防烟分区。

2. 划分防烟分区基本要求。

（1）防烟分区应采用挡烟垂壁、隔墙、结构梁等划分。

（2）防烟分区不应跨越防火分区。

（3）每个防烟分区的建筑面积不宜超过规范要求。

（4）采用隔墙等形成封闭的分隔空间时，该空间宜作为一个防烟分区。

（5）储烟仓高度不应小于空间净高的10%，且不应小于500mm，同时应保证疏散所需的清晰高度，最小清晰高度应由计算确定。

（6）有特殊用途的场所应单独划分防烟分区。

（三）常见的防火分隔物

1. 防火卷帘。

防火卷帘是指由帘板、导轨、座板、门楣、箱体并配以卷门机和控制箱组成的，符合耐火完整性等要求的一种活动式防火分隔物，可以代替防火墙，有效地阻止火灾蔓延。

2. 防火门。

防火门是指具有一定耐火极限，且在发生火灾时能自行关闭的门。建筑中设置的防火门，应保证门的防火和防烟性能符合《防火门》（GB 12955 – 2008）的有关规定，并经消防产品质量检测中心检测试验认证后才能使用。

3. 防火窗。

防火窗是采用钢窗框、钢窗扇及防火玻璃制成的，能起到隔离和阻止火势蔓延的窗。防火窗按照安装方法分固定窗扇与活动窗扇两种。固定窗扇防火窗不能开启，平时可以采光，遮挡风雨，发生火灾时可以阻止火势蔓延；活动窗扇防火窗能够开启和关闭，起火时可以自动关闭，阻止火势蔓延，开启后可以排除烟气，平时还可以采光和通风。为了使防火窗的窗扇能够开启和关闭，需要安装自动和手动开关装置。

五、安全疏散

（一）安全出口与疏散出口

1. 安全出口。

安全出口是供人员安全疏散用的楼梯间和室外楼梯的出入口或直通室内外安全区域的出口。

（1）安全出口数量一般不少于2个，设置一个安全出口的建筑，在面积、人数等方面都有严格的要求。

（2）两个安全出口的距离一般不小于5m。

2. 疏散出口。

疏散出口包括安全出口和疏散门。疏散门是直接通向疏散走道的房间门、直接开向疏散楼梯间的门或室外的门，不包括套间内的隔间门或住宅套内的房间门。安全出口是疏散出口的一个特例。

疏散门的数量一般不少于2个，设置一个疏散门的建筑，在面积、人数等方面都有严格的要求。人员密集场所的疏散门，需要根据人数和建筑特点综合判定。

（二）疏散走道与避难走道

1. 疏散走道。

疏散走道是指发生火灾时，建筑内人员从火灾现场逃往安全场所的通道。疏散走道的设置应保证逃离火场的人员进入走道后，能顺利地继续通行至楼梯间，到达安全地带。

（1）疏散走道应简捷，并按规定设置疏散指示标志和诱导灯。

（2）在1.8m高度内不宜设置管道、门垛等突出物，走道中的门应向疏散方向开启。

（3）尽量避免设置袋形走道。

（4）疏散走道在防火分区处应设置常开甲级防火门。

（5）疏散走道的宽度对于不同建筑要求不同，具体见《建筑设计防火规范》（GB 50016－2014）的规定。

2. 避难走道。

采取防烟措施且两侧设置耐火极限不低于3h的防火隔墙，用于人员安全通行至室外的走道。

（1）避难走道楼板的耐火极限不应低于1.5h。

（2）避难走道直通地面的出口不应少于2个，并应设置在不同方向。当避难走道仅与一个防火分区相通且该防火分区至少有1个直通室外的安全出口时，可设置1个直通地面出口。任一防火分区通向避难走道的门至该避难走道最近直通地面出口的距离不应大于60m。

（3）避难走道的净宽度不应小于任一防火分区通向该避难走道的设计疏散总净宽度。

（4）避难走道内部装修材料的燃烧性能应为A级。

（5）防火分区至避难走道入口处应设置防烟前室，前室的使用面积不应小于$6m^2$，开向前室的门应采用甲级防火门，前室开向避难走道的门应采用乙级防火门。

（6）避难走道内应设置消火栓、消防应急照明、应急广播和消防专线电话。

（三）疏散楼梯及楼梯间

1. 敞开楼梯间。

敞开楼梯间，又称普通楼梯间。该楼梯的典型特征是楼梯与走廊或大厅都是敞开在建筑物内，在发生火灾时不能阻挡烟气进入，而且可能成为向其他楼层蔓延的主要通道。敞开楼梯间安全可靠程度不大，但使用方便、经济，适用于低、多层的居住建筑和公共建筑中。

2. 封闭楼梯间。

封闭楼梯间是在楼梯间入口设置门，以防止火灾的烟和热气进入的楼梯间。封闭楼梯间有墙和门与走道分隔，比敞开楼梯间安全。

3. 防烟楼梯间。

防烟楼梯间是指在楼梯间入口处设置防烟的前室、敞开式阳台或凹廊（统称前室）等设施，且通向前室和楼梯间的门均为防火门，以防止火灾的烟和热气进入的楼梯间。防烟楼梯间发生火灾时能作为安全疏散通道，是高层建筑中常用的楼梯间形式。

4. 室外疏散楼梯。

在建筑外墙上设置敞开的室外楼梯，不易受烟火的威胁，防烟效果和经济性都较好。

六、建筑装修和保温材料防火

（一）建筑装修防火

1. 装修材料的分类及分级。

装修材料按使用部位和功能可分为七类：顶棚装修材料、墙面装修材料、地面装修材料、隔断装修材料、固定家具材料、装饰织物和其他装饰材料（主要是指楼梯扶手、挂镜线、踢脚板、窗帘盒、窗帘架、暖气罩等）。

按照《建筑材料及制品燃烧性能分级》（GB 8624 – 2012），将建筑内部装修材料分为 A 级、B1 级、B2 级、B3 级四级。

2. 装修防火要求。

各类建筑内装修防火要求详见《建筑设计防火规范》（GB 50016 – 2014）。

（二）建筑保温材料防火

1. 建筑保温系统防火基本原则。

建筑的内、外保温系统，宜采用燃烧性能为 A 级的保温材料，不宜采用 B2 级保温材料，严禁采用 B3 级保温材料。

2. 建筑外墙内保温系统防火。

建筑外墙采用内保温系统时，保温系统应符合下列规定：

（1）对于人员密集场所，用火、燃油、燃气等具有火灾危险性的场所以及各类建筑内的疏散楼梯间、避难走道、避难间、避难层等场所或部位，应采用燃烧性能为 A 级的保温材料；

（2）对于其他场所，应采用低烟、低毒且燃烧性能不低于 B1 级的保温材料。

3. 建筑外墙外保温系统防火。

（1）设置人员密集场所的建筑，其外墙保温材料的燃烧性能应为 A 级。

（2）与基层墙体、装饰层之间无空腔的建筑外墙外保温系统，其保温材料燃烧性能应符合表 1 – 5 的要求。

表1-5 基层墙体、装饰层之间无空腔的建筑外墙外保温系统的技术要求

类别	建筑高度 h（m）	保温材料的燃烧性能
住宅建筑	>100	A 级
	27 < h ≤ 100	不低于 B1 级
	≤27	不低于 B2 级
非住宅建筑和人员密集场所的建筑	>50	A 级
	24 < h ≤ 50	不低于 B1 级
	≤24	不低于 B2 级

（3）与基层墙体、装饰层之间有空腔的建筑外墙外保温系统，其保温材料应符合下列规定：建筑高度大于24m时，保温材料的燃烧性能应为 A 级；建筑高度不大于24m时，保温材料的燃烧性能不应低于 B1 级。

七、建筑火灾的发展与蔓延

（一）建筑火灾的发展过程

建筑火灾发展蔓延有它的客观规律，最初发生在室内的某个房间或某个部位，然后由此蔓延到相邻的房间或区域，以及整个楼层，最后蔓延到整个建筑物。室内火灾发展过程大致可分为初起增长阶段（图中 OA 段）、全面发展阶段（图中 AC 段）和火灾衰减熄灭阶段（图中 C 点以后），如图1-3所示。

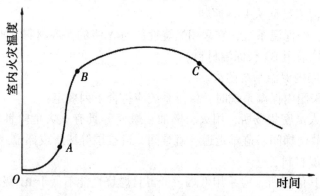

图1-3 建筑室内火灾温度—时间曲线

1. 初起增长阶段。

初起增长阶段从出现明火起，此阶段燃烧面积较小，只局限于着火点处的可燃物燃烧，室内温度差别大，在燃烧区域及其附近存在高温，而室内平均温度不高；火灾发展速度缓慢，火势不够稳定，燃烧状况与敞开环境中的燃烧状况差不多。火灾初起增长阶段的持续时间取决于着火源的类型、可燃物质性质和分布、通风条件

等，其长短不等。

2. 全面发展阶段。

当室内火灾持续燃烧一定时间后，随着燃烧范围不断扩大，温度升高，室内的可燃物在高温的作用下，不断分解释放出可燃气体，当房间内温度达到400～600℃时，室内绝大部分可燃物起火燃烧，这种在限定空间内可燃物的表面全部卷入燃烧的瞬变状态，称为轰燃。轰燃的出现是燃烧释放的热量在室内逐渐累积与对外散热共同作用、燃烧速率急剧增大的结果。轰燃是室内火灾最显著的特征之一，它标志着火灾全面发展阶段的开始。

轰燃发生后，室内所有可燃物都在猛烈燃烧，可燃物热释放速率很大，室温急剧上升，并出现持续高温，温度可达800～1000℃。火焰、高温烟气从房间的门窗、孔洞等处大量喷出，使火灾蔓延到建筑物的其他部分。室内高温还对建筑构件产生热作用，使建筑物构件的承载能力下降，甚至造成建筑物局部或整体倒塌破坏。对于安全疏散而言，若在轰燃之前人员还没有从室内逃出，则很难幸存。

3. 火灾衰减熄灭阶段。

在火灾充分发展阶段的后期，随着室内可燃物数量的减少，火灾燃烧速度减慢，燃烧强度减弱，温度逐渐下降，一般认为火灾衰减熄灭阶段是从室内平均温度降到其峰值的80%时算起。随后室内温度下降显著，直到室内外温度达到平衡为止，火灾完全熄灭。

由此可见，火灾在初起阶段容易控制和扑灭，如果发展到猛烈燃烧阶段，不仅需要动用大量的人力和物力进行扑救，还可能造成严重的人员伤亡和财产损失。

（二）建筑火灾蔓延方式及途径

1. 建筑火灾蔓延的方式。

建筑火灾蔓延是通过热的传播进行的。在起火的建筑物内，火由起火房间转移到其他房间的过程，主要是靠可燃构件的直接燃烧、热传导、热辐射和热对流的方式实现的。

2. 建筑火灾蔓延的途径。

火灾时，建筑内烟气呈水平流动和垂直流动，火灾蔓延的途径主要有内墙门、洞口，外墙门、窗口，房间隔墙，空心结构，闷顶，楼梯间，各种竖井管道，楼板上的孔洞及穿越楼板、墙壁的管线和缝隙等。

第三节 电气防火基本知识

随着经济社会的发展，社会电气化程度不断提高，生产和生活用电量大幅度增加。近年来，电气火灾发生越来越频繁，在各类火灾原因中居于首位，仅2017年一季度就发生了2.4万起，占比29.8%。因此，应采取相应措施，预防电气火灾发生。

一、发生电气火灾的主要原因

通过对近五年来电气火灾事故分析发现，导致电气火灾的原因主要有电线短路、过负荷用电、接触不良、电气设备老化、电器产品质量差、违规操作、雷电或静电等引起。首先，电气线路是引发电气火灾的主要引火源，占51.35%；其次是用电器具，占15.32%；再次是电气设备和用电设备，分别占12.84%和10.81%；最后是照明器具，占8.56%。

1. 电线短路。

相线与相线、相线与零线或地线在某一点相碰或相接，引起电气回路中电流突然增大的现象，称为短路。短路时，在短路点或导线连接松动的电气接头处，会产生电弧或火花，电弧温度可达6000℃以上，不但可引燃其本身的绝缘材料，还可将其附近的可燃物引燃。

2. 过负荷用电。

当导线中通过的电流量超过了安全载流量时，导线的温度就会升高，如果严重过载，就会引起导线的绝缘层发生燃烧，并能引燃导线附近的可燃物，从而造成火灾。

3. 接触不良。

接触不良是指导线与导线、导线与电器设备的连接处由于接触面处理不好，接头松动，造成电阻过大，形成局部过热的现象。接触不良也会出现电弧、电火花，形成潜在引火源。

4. 静电。

静电放电产生的电火花，往往成为引火源，当周围和空间存在可燃物，且静电放电的能量大于可燃物的最小点火能量时，就会引起静电火灾或爆炸事故。

5. 雷电。

雷电是自然界的一种复杂放电现象。带着不同电荷的雷云之间或雷云与大地之间的绝缘（空间）被击穿，会产生放电现象，引起火灾和爆炸事故。

二、电气线路防火要求

1. 对用电线路进行巡查，以便及时发现问题。

2. 在设计和安装电气线路时，导线和电缆的绝缘强度不应低于网路的额定电压，绝缘子也要根据电源的不同电压进行选配。

3. 安装线路和施工过程中，要防止划伤、磨损、碰压导线绝缘层，并注意导线连接接头质量及绝缘包扎质量。

4. 在特别潮湿、高温或有腐蚀性物质的场所内，严禁明敷绝缘导线，应采用套管布线；在多尘场所，线路和绝缘子要经常打扫，勿积油污。

5. 严禁乱接乱拉导线，安装线路时，要根据用电设备负荷情况合理选用相应截面的导线。并且导线与导线之间，导线与建筑构件之间及固定导线用的绝缘子之间应符合规定要求的间距。

6. 定期检查线路熔断器，选用合适的保险丝，不得随意调粗保险丝，更不准用铝线和铜线等代替保险丝。

7. 检查线路上所有连接点是否牢固可靠，并且附近不得存放易燃可燃物品。

三、常见用电设备防火

（一）照明器具防火

1. 选型中的防火要求。

（1）火灾危险场所应选用闭合型、封闭型、密闭型灯具。

（2）有腐蚀性气体及特别潮湿的场所，应采用密闭型灯具。

（3）爆炸危险环境应选择防爆型、隔爆型灯具。

（4）潮湿环境中应选择封闭型灯具或者有防水灯座的开启型灯具。

（5）移动、携带型灯具和可能会受到机械损伤的灯具应加装防护网或者防护罩。

2. 安装、使用中的防火要求。

（1）白炽灯、高压汞灯与可燃物、可燃结构之间的距离不应小于 0.5m，卤钨灯与可燃物之间的距离应大于 0.5m。

（2）严禁用纸、布或其他可燃物遮挡灯具，灯具的正下方不宜堆放可燃物品。

（3）镇流器安装时应注意通风散热，不准将镇流器直接固定在可燃天花板、吊顶或墙壁上，应用隔热的不燃材料进行隔离。

（4）插座不宜和照明灯具接在同一分支回路上。

（5）可燃吊顶上所有明装、暗装灯具，舞台暗装彩灯，舞台脚灯与电源导线，均应穿钢管敷设。

（6）舞台暗装彩灯泡，舞池脚灯，其功率均宜在 40W 以下，最大不应超过 60W。彩灯之间导线应焊接，所有导线不应与可燃材料直接接触。

（7）各种零件必须符合电压、电流等级，不得过电压、过电流使用。

（二）电动机、电气开关装置和电热器具等防火

1. 电动机的防火要求。

（1）合理选择功率和形式，特别是对电动机的防潮、防尘、防爆、防腐等要求。

（2）正确安装，应安装在不燃材料基座上，并确保四周符合规定的间距和符合要求的保护装置。

（3）按操作规程启动、使用，应根据电动机的形式、功率、电源等情况选择符合要求的启动方式，使用中应加强防尘、防潮、降温等工作。

2. 电气开关装置的防火要求。

（1）自动开关的型号应根据使用场所、额定电流与负载、脱扣器额定电流及长、短延时动作电流值大小等参数来选择，必须符合安全要求。

（2）自动开关不应安装在易燃、受震、潮湿、高温、多尘的场所，而应装在干燥、明亮，便于维修和施工的地方。

（3）自动开关的操作机构、脱扣器，在使用到一定机械寿命时，必须添润滑油、清除毛刺灰垢。

3.电热器具的防火要求。

（1）超过3kW的固定式电热器具应采用单独回路供电，电源线应装设短路、过载及接地故障保护电器。

（2）超过3kW的固定式电热器具其导线和热元件的接线处应紧固，引入线处应采用耐高温的绝缘材料予以保护。

（3）超过3kW的电热器具周围0.5m以内不应放置可燃物，低于3kW以下的可移动式电热器与周围可燃物应保持0.3m以上距离。

（4）工业用大型电热设备为防止线路过载，最好采用单独的供电线路，供电线路应采用耐火耐热绝缘材料的电线电缆。

（5）电烘箱、电熨斗等小型电热器具设备在使用时，不要轻易离开，应养成人走电断的习惯。

第四节　火灾报警和灭火的基本方法

一、火灾报警

任何人发现火灾都应当立即报警。任何单位、个人都应当无偿为报警提供便利，不得阻拦报警，严禁谎报火警。只有早报警，才能在较短的时间内调集较强的灭火力量到达火场，及时控制火势蔓延和扑灭火灾，并为人员安全疏散赢得时间，从而避免和减少重大火灾事故的发生。

（一）报警的对象和目的

1.向消防队报警。这里提到的消防队通常是指公安消防队，也包括离起火单位最近的政府或单位专职消防队。消防队是灭火的主要力量，不要等扑救不了再向消防队报警，否则会延误灭火时机。

2.向火灾现场周围执勤、工作等有关人员发出火灾警报，召集前来处置和应对突发火灾事故。

3.向受火灾威胁的对象发出警报，通知其迅速采取措施，疏散到安全区域。

（二）报警的方法

1."119"是全国统一规定的火警专用电话号码，拨通这个电话可以直接向当地公安消防队报告火警。

2. 装有火灾自动报警系统的场所，在火灾发生时会自动报警。

3. 未安装火灾自动报警系统的场所，可以使用应急广播系统通知受到火灾威胁的人员，也可以使用警铃等其他平时约定的报警手段报警。

4. 发生火灾后，现场人员应该通过大声呼喊的方式，迅速向周边人员报告火警。

总之，报警方法有许多，应因地制宜，以最快的速度将火警报出去为目的。

（三）报警的内容

在拨打火警电话向公安消防队报火警时，必须讲清以下内容：

1. 起火场所的详细地址。

包括建筑物、场馆和街道名称，门牌号码，靠近何处；建筑物要讲明第几层楼；大型企业要讲明分厂、车间或部门；乡（镇）、村庄名称等。

2. 火灾基本情况。

包括起火的场所和部位、着火的物质、火势的大小，是否有人员被困等，火场有无化学危险源，以便消防部门根据情况派出相应的消防车辆。

3. 报警人姓名及电话号码。

讲清报警人的姓名、单位及电话号码，以便消防部门电话联系，了解火场情况。

二、灭火的基本方法

灭火的基本方法是破坏已经形成的燃烧条件。采用哪种灭火方法，应根据燃烧物质的性质、燃烧特点和火场的具体情况以及消防装备的性能选择。

（一）冷却灭火法

冷却灭火法是指降低燃烧物的温度，使温度降到物质的燃点或闪点以下。对于可燃固体火灾，用水扑救，将其冷却到燃点以下，火灾即可扑灭；对于可燃液体火灾，将其冷却到闪点以下，燃烧反应就会中止。

（二）隔离灭火法

隔离灭火法是指将火源周边的可燃物质进行隔离，中断可燃物质的供给，使火势不能蔓延的一种灭火方法。火灾时，搬走火源周边的可燃物，拆除与火源相连接或毗邻的建筑，迅速关闭输送可燃液体或可燃气体的管道阀门，切断流向着火区的可燃液体或可燃气体的输送等，都属于隔离灭火法。

（三）窒息灭火法

窒息灭火法是指减少燃烧区的氧气量，使可燃物无法获得足够的氧化剂助燃而停止燃烧，如图1-4所示。可燃物的燃烧是氧化作用，需要在最低氧浓度以上才能进行，低于最低氧浓度，燃烧不能进行，火灾即被扑灭。一般氧浓度低于15%时，就不能维持燃烧。在着火场所内，可以通过灌注不燃气体，如二氧化碳、氮气、蒸汽等，来降低防护区或保护对象的氧浓度，从而达到窒息灭火的目的。

图1-4　窒息灭火法

（四）化学抑制灭火法

化学抑制灭火法是指使灭火剂参与到燃烧反应过程中，中断燃烧的链式反应。该方法灭火速度快，使用得当可有效地扑灭初起火灾，减少人员伤亡和财产损失。抑制法灭火对于有焰燃烧火灾效果好，但对深位火灾，由于渗透性较差，灭火效果不理想。

三、常用的灭火剂

（一）水灭火剂

水是无臭无味的液体，取用方便，分布广泛，且冷却效果非常好。因此，水是最常用、最主要的灭火剂。

1. 灭火作用。

水的灭火作用主要体现在五个方面：一是冷却作用，二是窒息作用，三是稀释作用，四是分离作用，五是对非水溶性可燃液体的乳化作用。灭火时往往是以上几种作用的共同结果，但冷却发挥着主要作用。

2. 适用范围。

（1）用直流水或开花水可扑救固体物质火灾及闪点在120℃以上的重油火灾。

（2）用雾状水可扑救阴燃物质火灾、可燃粉尘火灾、电气设备火灾。

（3）用水蒸气可以扑救封闭空间内的火灾，如船舱火灾。

凡遇水能发生燃烧和爆炸的物质，不能用水进行扑救。

（二）泡沫灭火剂

泡沫灭火剂是以动物蛋白质或植物蛋白质的水解浓缩液为基料，并含有适当的稳定、防腐、防冻等添加剂的起泡性液体，与水按一定比例形成混合液，再吸入或鼓入空气产生泡沫来实施灭火。

1. 灭火作用。

泡沫灭火剂是通过覆盖或淹没燃烧物实现灭火。其灭火原理是冷却作用、窒息作用、遮断作用、淹没作用等的综合体现。

2. 类型。

泡沫灭火剂按发泡倍数不同，分为低倍数泡沫灭火剂、中倍数泡沫灭火剂和高倍数泡沫灭火剂；泡沫灭火剂按照成分不同，分为蛋白泡沫灭火剂、氟蛋白泡沫灭火剂、水成膜泡沫灭火剂、成膜氟蛋白泡沫灭火剂、高倍数泡沫灭火剂、抗溶泡沫灭火剂等。

3. 适用范围。

泡沫灭火剂适用于扑救油类可燃液体火灾、可燃固体物质火灾，但不能用于扑救轻金属火灾、遇水燃烧或爆炸物质的火灾、带电设备的火灾。

（三）气体灭火剂

1. 二氧化碳灭火剂。

二氧化碳在常温、常压下是一种无色、无味的气体，其化学性能稳定，不会与一般的物质发生化学反应。

（1）灭火作用。当二氧化碳灭火剂达到灭火浓度后，空气中的氧含量低于维持燃烧的极限氧含量，通过窒息作用，将火灾扑灭；液态和固态二氧化碳在汽化过程中要吸热，具有一定的冷却作用，但与水相比二氧化碳的冷却作用较小。

（2）适用范围。二氧化碳灭火剂可以扑救：灭火前可切断气源的气体火灾，液体火灾或石蜡、沥青等可熔化的固体火灾，固体表面火灾及棉毛、织物、纸张等部分固体深位火灾，电气火灾。二氧化碳灭火剂不得用于扑救：硝化纤维、火药等含氧化剂的化学制品火灾，钾、钠、镁、钛、锆等活泼金属火灾，氢化钾、氢化钠等金属氢化物火灾。

2. IG541 灭火剂。

IG541 灭火剂由 52% 氮气、40% 氩气和 8% 二氧化碳气体组成，是一种无色透明的气体，密度略大于空气，化学性质稳定，一般不与其他物质发生化学反应。

（1）灭火作用。IG541 灭火剂的灭火机理与二氧化碳灭火剂相同，即通过降低防护区中的氧气浓度，使其不能维持燃烧而达到灭火的目的。

（2）适用范围。IG541 灭火剂适用范围与二氧化碳灭火剂相同。

3. 七氟丙烷灭火剂。

七氟丙烷灭火剂是一种无色、无味、不导电的气体，对环境的不良影响小，臭氧耗损潜能值为 0，毒性较低，对人体产生不良影响的体积浓度临界值为 9%。

（1）灭火机理。七氟丙烷灭火剂是通过抑制链式反应实现灭火。

（2）适用范围。七氟丙烷灭火剂适用于扑救：电气火灾，液体表面火灾或可熔化的固体火灾，固体表面火灾，灭火前可切断气源的气体火灾。不得用于扑救下列物质的火灾：含氧化剂的化学制品及混合物，如硝化纤维、硝酸钠等；活泼金属，如钾、钠、镁、钛、锆、铂等；金属氢化物，如氢化钾、氢化钠等；能自行分解的化学物，如过氧化氢、肼类等。

（四）干粉灭火剂

干粉灭火剂是一种易于流动的微细固体粉状混合物，借助于氮气或二氧化碳气体的驱动，以喷雾的形式喷出灭火。干粉灭火剂有 ABC 类、BC 类和 D 类三种类型，其具有灭火速度快、无腐蚀、对人畜无害等优点，应用比较广泛。

1. 灭火机理。

干粉灭火剂在灭火过程中，粉雾与火焰接触、混合，通过化学抑制作用、隔离作用、冷却与窒息作用将火扑灭。

2. 适用范围。

干粉灭火剂适用于扑救非水溶性及水溶性可燃、易燃液体的火灾，天然气和石油气等可燃气体火灾，一般带电设备火灾等。

干粉灭火剂不适用扑救火灾中产生含有氧的化学物质，如硝化纤维素、可燃金属（如钠、钾、镁等）、固体深位火灾、怕灭火剂污损的精密仪器设备火灾。

第五节　火场疏散逃生的原则和基本方法

火场中人员的疏散逃生至关重要，要想在火灾时安全逃生，在紧急关头急而不乱、化险为夷，关键在于平时掌握火场疏散逃生的原则和基本方法。

一、火灾疏散逃生的原则

火灾疏散逃生时，要尽可能坚持"三要"、"三救"、"三不"原则。

（一）"三要"原则

1. 要熟悉自己工作、学习和生活的环境。

平时要多注意观察，做到对所处的建筑楼梯、通道、大门、紧急疏散出口等了如指掌，对有没有平台、天窗、临时避难层（间）等心中有数。

2. 遇事要保持沉着冷静。

面对大火和烟气，要保持沉着和冷静。例如，在开门之前要先摸摸门，如果门发热或烟雾已从门缝中渗透进来，就不能开门，准备走第二条路线。即使门不热，也要小心地打开一点点，观察情况，进行判断。

3. 要警惕烟气的侵害。

火灾中，最大的"杀手"是燃烧时所产生的有毒烟气，因烟气而窒息或中毒造成死亡的人数占遇难者的大多数。因此，火灾发生时，在有高温浓烟的情况下，不应直接接触或企图穿过。在烟气温度不高、毒性不大时，可佩戴防烟面罩，或采取毛巾衣物等浸湿捂住口鼻，减少呼吸，低姿行走等方式，保护自己免受烟气的伤害，如图 1 - 5 所示。

图 1 - 5　毛巾保护火场逃生方法

（二）"三救"原则

1. 选择逃生通道自救。

发生火灾时，利用烟气不浓或大火尚未烧着的楼梯、疏散通道逃生是最理想的选择。如果能顺利到达失火楼层以下，就算基本脱险了。

2. 结绳下滑自救。

当遇到过道或楼梯已经被大火或有毒烟雾封锁后，应及时利用绳子或缓降器等下滑自救。

3. 向外界求救。

若被大火封锁在室内，一切逃生通道都已切断，这时暂时关闭房门和通向着火区的窗户，待在房间里，可向门窗浇水，用打湿的衣物封堵门缝，以减缓火势的蔓延；与此同时，通过窗口向下面呼喊、招手、打亮手电筒、抛掷物品等，发出求救信号，等待消防队员的救援。

（三）"三不"原则

1. 不乘普通电梯。

火灾逃生时，不乘普通电梯，如图 1 - 6 所示。为了阻止大火沿着电气线路蔓延开来，很多单位都会拉闸停电。如果乘坐普通电梯逃生，遇上停电，既上不去，又下不来，无异于将自己困在"囚笼"里，其危险性是可想而知的。

2. 不轻易跳楼。

跳楼求生的风险极大，即使在万般无奈之际出此下策，也要讲究方法。首先，应该向楼下抛掷棉被或床垫，以便身体着落时不直接与硬的水泥或者石头路面相撞，减少受伤的可能性；然后双手抓住窗沿，身体下垂，双脚落地跳下，缩小与地面的落差。

3. 不贪恋财物。

遇上火灾时，必须迅速疏散逃生，千万别为穿衣或寻找贵重物品而浪费时间，更不要在已经逃离火场后，为了财物而重返火场。

图 1-6　火场逃生不得乘坐普通电梯

二、火场疏散逃生的基本方法

(一) 通道疏散法

楼房着火时,应根据火势情况,优先选择最便捷、安全的疏散通道进行逃生。一般应沿着疏散通道,按照应急疏散标志指示的方向有秩序地撤离。逃生时要采取防烟措施,遇烟时要低势行进或匍匐前进,有高温浓烟时,不应穿过。如图 1-7 所示。

大家从这边走

图 1-7　通道疏散法

(二) 借助器材滑行法

当通道被浓烟烈火封锁,火灾有可能威胁到自己所处的场所时,可利用缓降器等器材离开危险楼层,也可利用逃生绳,拴在牢固的暖气管道、窗框、床架上,被困人员逐个沿着绳索缓慢滑到地面或下部楼层脱离险境,如图 1-8 所示。

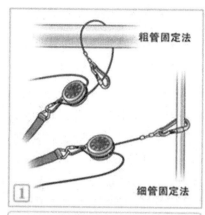

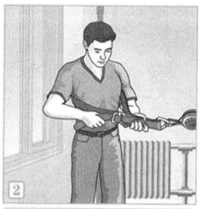

① 将靠近限速器的绳索端，用安全钩固定于选择好的逃生窗口位置附近的牢固体上，如管道、楼梯扶手等。

② 将安全带系于逃生者腋下胸部，并调整带扣，使松紧适度。

③ 将安全带端的连接环与限速器挂孔连接，逃生者带动限速器一起移动至逃生窗口，将绳索卷盘抛于楼下。

④ 逃生者便可翻出窗口，面向建筑物外墙，双手轻扶墙面，借助缓降器平稳降至地面。

图 1-8　绳索滑行法逃生

（三）低层跳离法

如果被火困在 2 层以下的楼内，当无条件采取其他自救方法且得不到救助时，在烟火威胁、万不得已的情况下，也可以跳楼逃生。但在跳楼逃生之前，应先向地面扔一些棉被、枕头、床垫等柔软物品，以便"软着陆"。跳下时用手扒住窗台，身体下垂，头上脚下，自然下滑，以缩小跳落高度，如图 1-9 所示。如果被烟火围困在 3 层以上的楼层内，千万不要急于跳楼。因为距地面太高，往下跳时易造成重伤或死亡。只要有一线生机，就不要冒险跳楼。

图1-9 低层跳离法

（四）暂时避难法

在通道有高温浓烟、火灾不会危及所在位置的情况下，或其他无路可逃的情况下，应积极寻找暂时的避难处所，保护自己，如到室外阳台、楼房平顶等待救援；选择火势、烟雾难以蔓延的房间关好门窗，用湿布堵塞缝隙，阻止火势蔓延；高度超过100m的高层建筑，每隔50m都设有避难层（间），当发生火灾时可利用其避难设施，躲避烟火的侵害。避难房间有电话，要及时报警，如无电话，可用明显的标志向外报警，夜间要用发光体等向外报警。

练习题

一、单项选择题

1. 燃烧是指可燃物与氧化剂作用发生的放热反应，通常伴有的现象是____。 （　　）

A. 火焰、发光　　　　　　　　　　　B. 发光、发烟

C. 火焰、发烟　　　　　　　　　　　D. 火焰、发光和（或）发烟

2. 下列物质发生火灾，属于F类火灾的是____。 （　　）

A. 沥青　　　　　　　　　　　　　　B. 泡沫塑料制品

C. 烹饪器具内的动植物油脂　　　　　D. 天然气

3. 造成5000万元以上1亿元以下直接财产损失的火灾属于____。 （　　）

A. 特别重大火灾　　　　　　　　　　B. 重大火灾

C. 较大火灾　　　　　　　　　　　　D. 一般火灾

4. 聚氨酯材料引发的火灾属于____。 （　　）

A. B类火灾　　　　　　　　　　　　B. A类火灾

C. D类火灾　　　　　　　　　　　　D. C类火灾

5. 物质因状态变化导致压力发生突变而形成的爆炸称为____。 （　　）

A. 物理爆炸　　　　　　　　　　　　B. 化学爆炸

C. 粉尘爆炸　　　　　　　　D. 核爆炸

二、多项选择题

1. 关于楼梯间，下列描述正确的是＿＿。　　　　　　　　　　　　　　　（　　）

A. 楼梯与走廊或大厅都是敞开在建筑物内，在发生火灾时不能阻挡烟气进入的楼梯间，称为敞开楼梯间

B. 在楼梯间入口处设有门，能防止火灾的烟进入的楼梯间，称为防烟楼梯间

C. 在楼梯间入口处设置防烟的前室、开敞式阳台或凹廊（统称前室）等设施，且通向前室和楼梯间的门均为防火门，以防止火灾的烟和热气进入的楼梯间，称为封闭楼梯间

D. 设置在建筑外墙上，全部敞开与室外相连，且常布置在建筑端部，称为室外楼梯间

2. 下列属于一类高层民用建筑的是＿＿。　　　　　　　　　　　　　　（　　）

A. 建筑高度大于 54m 的住宅建筑

B. 建筑高度大于 50m 的单层公共建筑

C. 建筑高度大于 27m，但不大于 54m 的住宅建筑

D. 建筑高度大于 50m 的公共建筑

3. 下列属于燃烧充分条件的是＿＿。　　　　　　　　　　　　　　　　（　　）

A. 一定的可燃物浓度　　B. 相互作用　　C. 一定的氧气含量　　D. 链式反应

4. 下列属于燃烧必要条件的是＿＿。　　　　　　　　　　　　　　　　（　　）

A. 引火源　　　　　　　B. 相互作用　　C. 助燃物　　　　　D. 可燃物

5. 下列物质中，不属于 C 类火灾的是＿＿。　　　　　　　　　　　　（　　）

A. 乙醚　　　　　　　　B. 电视机　　　C. 乙烷　　　　　　D. 锌粉

三、判断题（正确的请在括号内打"√"，错误的请在括号内打"×"）

1. 防火间距是防止着火建筑引燃相邻建筑，便于消防扑救的间隔距离。　（　　）

2. 凡在时间和空间上失去控制的燃烧所造成的灾害称为火灾。　　　　（　　）

3. 凡是能与空气中的氧气起燃烧化学反应的物质都叫可燃物。　　　　（　　）

4. 窒息灭火法是指将火源周边的可燃物质进行隔离，中断可燃物质的供给，使火势不能蔓延的一种灭火方法。　　　　　　　　　　　　　　　　　　　　　　（　　）

5. 任何单位和个人都有参加有组织的灭火工作的义务。　　　　　　　（　　）

第二章　常用消防法律规范

【内容提要】 本章介绍了我国的消防法律规范体系、常用的消防法律规范以及违法责任追究等内容。通过本章的学习，读者应了解消防法律规范体系的构成，掌握《中华人民共和国消防法》等主要消防法律规范的有关规定，明确违法应承担的消防行政责任与消防刑事责任等。

消防法律规范是指由国家制定或认可的、用特定形式颁布、与消防工作有关的、调整消防法律关系的法律法规的总称。消防法律规范是具有同样宗旨、性质相似、相互关联的有关消防安全的一系列法律规范的集合。它不仅规定了消防安全领域社会关系参加者在法律上的权利和义务，还规定了违反消防安全行为规则时所应当承担的法律责任和制裁措施，是人们必须遵守的行为规则。消防法律规范体系是由消防法律、消防行政法规、地方性法规和消防行政规章以及消防标准等构成。消防法律规范对预防火灾和减少火灾危害，保护人身、财产安全，维护公众安全，促进社会经济发展，具有十分重要的作用。

第一节　消防法律

一、消防法律的概念

消防法律是指由全国人民代表大会及其常务委员会制定的有关消防安全方面的法律，它不仅对全国消防工作的开展具有普遍的指导意义，而且也是制定其他消防法规的主要依据。

根据消防法律所规定的权利义务内容与消防安全直接关系程度的不同，可以将消防法律分为专门消防法律和相关消防法律两类。专门消防法律是专为消防安全组织管理而制定，而相关消防法律虽不是专门为消防管理制定，但其内容与消防安全相关。

二、常用消防相关法律简介

我国专门的消防法律主要是《中华人民共和国消防法》，该法是调整消防工作的基本法。有些法律不是专门为消防管理制定，但其内容与消防安全相关。例如，《中华人民共和国安全生产法》、《中华人民共和国建筑法》、《中华人民共和国产品质量法》、《中华人民共和国治安管理处罚法》、《中华人民共和国行政处罚法》、《中华人民共和国刑法》等。

（一）中华人民共和国消防法

现行《中华人民共和国消防法》（以下简称《消防法》）于 2008 年 10 月 28 日第十一届全国人民代表大会常务委员会第五次会议通过修订，自 2009 年 5 月 1 日起实施。《消防法》是我国消防工作的专门性法律，共 7 章 74 条，分为总则、火灾预防、消防组织、灭火救援、监督检查、法律责任和附则。其中，第 1 章明确了立法宗旨、消防工作的方针和原则；第 2～6 章明确了各级政府、政府有关部门、公安机关消防机构及公安派出所、社会各单位、消防技术服务机构及公民的消防安全职责及义务，特别详尽地规定了建设工程消防监督管理、消防监督检查、消防产品监督管理、多种形式组织建设及职能、灭火救援、火灾事故调查等相关内容；第 7 章对不履行法定职责应追究的法律责任和违法的法律责任作出了全面规定。

1. 立法宗旨。

"预防火灾和减少火灾危害，加强应急救援工作，保护人身、财产安全，维护公共安全"是《消防法》的立法宗旨，其中"预防火灾和减少火灾危害"是直接目的，"保护人身、财产安全，维护公共安全"是根本目的。

2. 消防工作的方针及原则。

消防工作贯彻"预防为主、防消结合"的方针，实行"政府统一领导、部门依法监管、单位全面负责、公民积极参与"的消防工作原则。

3. 消防安全责任制。

消防安全责任是消防工作的核心内容。《消防法》规定消防工作实行消防安全责任制，建立健全社会化的消防工作网络。这是我国做好消防工作的经验总结，也是从无数火灾中得出的教训。在消防工作中，各级政府、政府各部门、社会各单位，各行各业以及每个公民在消防安全方面各尽其责，实行消防安全责任制，建立健全社会化的消防工作网络，有利于增强全社会的消防安全意识，有利于调动各部门、各单位和广大群众做好消防安全工作的积极性，有利于进一步提高全社会整体抗御火灾的能力。

4. 建设工程消防监督管理制度。

《消防法》对建设工程消防监督管理制度进行改革，将建设工程全审全验制度改为部分审核验收和备案抽查制度。

5. 消防监督检查制度。

为加强消防监督，《消防法》专设"监督检查"一章，强调地方各级政府对有关部门履行消防安全的监督检查职责；公安机关消防机构和公安派出所的消防监督检查职责；重大火灾隐患的处理；社会公众对消防行政执法的监督。

6. 消防产品监督管理制度。

根据《消防法》的规定，消防产品实行市场准入制度，产品质量监督部门、工商行政管理部门、公安机关消防机构按照各自职责加强对消防产品质量的监督管理。

7. 消防组织建设。

《消防法》提出建设公安消防队、政府专职消防队、企业事业单位专职消防队、志愿消防队等多种形式的消防队伍，并明确了多种形式消防队伍建设的职责和要求。

8. 消防技术服务监督管理。

消防设施检测、消防产品质量认证、消防安全评估等消防技术服务机构和执业人员，应当依法获得相应的资质、资格；依照法律、行政法规、国家标准、行业标准和执业准则，接受委托提供消防技术服务，并对服务质量负责。消防设施检测、消防产品质量认证等消防技术服务机构出具虚假、失实文件的，依法承担法律责任。

9. 灭火救援。

《消防法》规定了各主体的灭火救援责任及义务：县级以上地方人民政府制定应急预案，建立应急反应和处置机制，为火灾扑救和应急救援工作提供人员、装备等保障的职责；任何人发现火灾都应当立即报警的义务；任何单位和成年人都有参加有组织的灭火工作的义务；发生火灾后，人员密集场所的现场工作人员应当立即组织、引导在场人员疏散的义务；任何单位发生火灾，必须立即组织力量扑救及邻近单位应当给予支援的义务；消防队扑救火灾的义务。同时，为保障灭火救援的顺利开展，规定了火灾现场总指挥的权限，消防车、消防艇的优先通行权、行政补偿制度等。

10. 火灾事故调查。

公安机关消防机构负责调查火灾原因，统计火灾损失，制作火灾事故认定书。火灾扑灭后，发生火灾的单位和相关人员应当按照公安机关消防机构的要求保护现场，接受事故调查，如实提供与火灾有关的情况。

11. 消防法律责任。

《消防法》明确规定了法人、其他组织和公民，公安机关消防机构及其工作人员，建设、产品质量监督、工商行政管理等其他有关行政主管部门的工作人员违反《消防法》所应承担的法律责任。

(二) 中华人民共和国治安管理处罚法

现行《中华人民共和国治安管理处罚法》（以下简称《治安管理处罚法》）于2012年10月26日第十一届全国人民代表大会常务委员会第二十九次会议通过修正，自2013年1月1日起施行。该法共6章119条，主要内容如下：

1. 立法宗旨。

维护社会治安秩序，保障公共安全，保护公民、法人和其他组织的合法权益，规范和保障公安机关及其人民警察依法履行治安管理职责。

2. 治安管理处罚的基本原则。

治安管理处罚应遵循以事实为依据原则，错罚相当原则，公开、公正原则，保障人权原则，教育和处罚相结合原则。

3. 处罚的种类和适用。

治安管理处罚的种类分为警告、罚款、行政拘留、吊销许可证。对违反治安管理的外国人，可以附加适用限期出境或者驱逐出境。在适用治安管理处罚时应区分应当给予处罚、从轻或者减轻处罚、不予处罚、分别处罚、合并处罚、从重处罚、不执行行政拘留处罚等情形。

4. 违反治安管理的行为和处罚。

将违反治安管理的行为分为扰乱公共秩序的行为，妨害公共安全的行为，侵犯人身权利、财产权利的行为，妨害社会管理的行为，并规定了相应的处罚。

5. 处罚程序。

（1）调查。在办理治安案件过程中，人民警察为查明事实真相可使用传唤、询问、检查、扣押、鉴定等手段和方法。

（2）决定。治安案件调查结束后，公安机关应当根据不同情况，分别作出处理。作出治安管理处罚决定的，应制作治安管理处罚决定书。

（3）执行。规定了行政拘留和罚款的执行。

6. 执法监督。

该法规定了公安机关及其人民警察办理治安案件时的违法违纪情形及相应的法律责任。

（三）中华人民共和国安全生产法

现行《中华人民共和国安全生产法》（以下简称《安全生产法》）于2014年8月31日第十二届全国人民代表大会常务委员会第十次会议通过修正，于2014年12月1日起实施。单位消防安全是安全生产的一个重要方面。《安全生产法》与《消防法》是一般法与特别法的关系，除《消防法》有特别规定外，生产经营单位的安全生产适用《安全生产法》。该法主要内容如下：

1. 立法宗旨。

《安全生产法》的立法宗旨：加强安全生产监督管理，防止和减少生产安全事故，保障人民群众生命和财产安全，促进经济发展。

2. 监管体制。

《安全生产法》明确了我国现阶段实行的国家安全生产综合监管与各级政府有关职能部门（公安消防、公安交通、煤矿监督、建筑、交通运输、质量技术监督、工商行政管理）专项监管相结合的体制。

3. 运行机制。

在《安全生产法》的总则中，规定了保障安全生产的国家总体运行机制，包括政府监管与指导、企业实施与保障、员工权益与自律、社会监督与参与、中介支持与服务五个方面。

4. 基本法律制度。

《安全生产法》确定了安全生产监督管理制度、生产经营单位安全保障制度、从业人员安全生产权利义务制度、生产经营单位负责人责任制度、中介服务制度、安全生产责任追究制度、事故应急救援和处理制度等我国安全生产的基本法律制度。

5. 责任主体及其责任。

《安全生产法》明确了各级政府、对安全生产负有监管职责的有关政府部门、生产经营单位、从业人员、中介机构等责任主体违反《安全生产法》所应承担的法律责任。

(四) 中华人民共和国行政处罚法

现行《中华人民共和国行政处罚法》(以下简称《行政处罚法》)于2017年9月1日第十二届全国人民代表大会常务委员会第二十九次会议通过修改,并于2018年1月1日起实施。该法共8章64条,主要内容如下:

1. 立法宗旨。

规范行政处罚的设定和实施,保障和监督行政机关有效实施行政管理,维护公共利益和社会秩序,保护公民、法人或者其他组织的合法权益。

2. 行政处罚的基本原则。

行政处罚应遵循处罚法定原则、公正公开原则、一事不再罚原则、处罚与教育相结合原则、保护当事人合法权益原则、时效原则。

3. 行政处罚的设定和种类。

法律、行政法规、地方性法规、规章可以在各自的权限范围内设定行政处罚,其他的规范性文件不能设定行政处罚。行政处罚的种类包括:警告,罚款,没收违法所得、非法财物,责令停产停业,暂扣或者吊销许可证、执照,行政拘留,法律、行政法规规定的其他行政处罚。

4. 行政处罚的实施机关。

行政处罚的实施机关包括行政机关、法律法规授权的组织和行政机关委托的组织。

5. 行政处罚的管辖和适用。

行政处罚管辖的种类分为地域管辖、职能管辖、指定管辖、移送管辖四类。行政处罚的适用应区分不予处罚的情形、依法从轻或者减轻处罚的情形、行政处罚和刑罚可以相互折抵的情形。

6. 行政处罚的程序。

行政处罚的程序分为简易程序、一般程序两大类,分别适用于不同条件的行政处罚行为。简易程序适用于违法事实确凿并有法定依据,当场作出的对公民处以警告或较少罚款的行政处罚。一般程序由受案、调查取证、告知、听取申辩和质证、决定等阶段构成。听证程序作为一般程序中可能经历的一个阶段，该程序只适用于行政机关作出责令停产停业、吊销许可证或者执照、较大数额罚款等行政处罚。

7. 行政处罚的决定。

行政机关作出行政处罚决定应遵循以事实为根据的原则、不得因当事人申辩而加重处罚的原则、履行告知义务的原则。行政机关作出行政处罚时应当遵循的程序有简易程序、一般程序和听证程序。

8. 行政处罚的执行。

行政处罚遵循复议或诉讼不停止执行原则和罚缴分离原则。行政处罚的执行方式分为自觉履行、强制执行、申请人民法院执行。

9. 违法处罚的法律责任。

《行政处罚法》规定了对违法实施行政处罚的人员追究法律责任。根据其行为的性质和程度，构成犯罪的，对直接负责的主管人员或其他直接责任人员追究刑事责任；不构成犯罪的，给予行政处分。

第二节　消防法规

这里的消防法规包括消防行政法规和地方性消防法规。

一、消防行政法规

（一）消防行政法规的概念

消防行政法规是指由国务院制定的有关消防安全工作的法律规范性文件，在全国范围内适用，法律效力仅次于宪法和消防法律。

（二）常用的消防行政法规

目前常用的消防行政法规主要有《森林防火条例》和《草原防火条例》。与消防有关的行政法规主要包括《危险化学品安全管理条例》、《国务院关于特大安全事故行政责任追究的规定》、《生产安全事故报告和调查处理条例》等。

1. 国务院关于特大安全事故行政责任追究的规定。

《国务院关于特大安全事故行政责任追究的规定》自 2001 年 4 月 21 日起施行，其旨在有效地防范特大安全事故的发生，严肃追究特大安全事故的行政责任，保障人民群众生命、财产安全。其中第 2 条规定：地方人民政府主要领导人和政府有关部门正职负责人对特大火灾事故，特大交通安全事故，特大建筑质量安全事故，民用爆炸物品和化学危险品特大安全事故，煤矿和其他矿山特大安全事故，锅炉、压力容器、压力管道和特种设备特大安全事故等特大安全事故的防范、发生，依照法律、行政法规和本规定的规定有失职、渎职情形或者负有领导责任的，依照本规定给予行政处分；构成玩忽职守罪或者其他罪的，依法追究刑事责任。地方人民政府和政府有关部门对特大安全事故的防范、发生直接负责的主管人员和其他直接责任人员，比照本规定给予行政处分；构成玩忽职守罪或者其他罪的，依法追究刑事责任。特大安全事故肇事单位和个人的刑事处罚、行政处罚和民事责任，依照有关法律、法规和规章的规定执行。该规定为落实安全生产责任制提供了保障，是促进安全生产工作的有力举措。

2. 生产安全事故报告和调查处理条例。

《生产安全事故报告和调查处理条例》自 2007 年 6 月 1 日起施行，该条例旨在规范生产安全事故的报告和调查处理程序，落实生产安全事故责任追究制度，防止和减少生产安全事故。该条例对生产安全事故的等级、报告、调查、处理和法律责任等进行了明确。该条例所称生产安全事故包括火灾事故。因此，该条例对公安机关消防机构认定火灾事故等级、报告、调查、处理等具有十分重要的指导意义。

二、地方性消防法规

地方性消防法规是由有立法权的地方人民代表大会及其常务委员会在不与消防法律、消防行政法规相抵触的前提下，根据本地区社会和经济发展的具体情况以及消防工作的实际需要而制定的有关消防安全管理的法律规范性文件，目前，我国内地 31 个省、自治区、直辖市都制定和颁布了本行政区域的消防条例。地方性消防法规在法律效力上低于消防法律和消防行政法规，其适用范围仅限于本行政区域之内。地方性消防法规具有很强的操作性，是进行消防管理的重要法律依据，对消防安全服务、地方经济建设、确保一方平安等发挥着重要的作用。

第三节　消防行政规章

一、消防行政规章的概念

消防行政规章分为部门消防规章和地方政府消防规章。部门消防规章是由国务院所属主管行政部门在本部门权限范围内，根据消防法律、消防行政法规制定的有关消防安全工作的规范性文件。部门消防规章一般是结合全国范围内或本系统范围内消防安全工作的具体问题和实际情况，对有关消防安全工作提出明确、具体的要求，具有较强的针对性。地方政府消防规章是由有权的地方人民政府制定的，明确地方消防工作某些方面的管理要求和管理方法的规范性文件，具有较强的操作性，适用于本行政区域内。

消防行政规章虽然法律效力等级较低，但在整个消防法律规范体系中占据较大比重，是消防工作重要的法律依据，在消防法律法规规定不具体的情况下，消防行政规章起到重要的补充作用。

二、常用消防行政规章简介

（一）机关、团体、企业、事业单位消防安全管理规定

《机关、团体、企业、事业单位消防安全管理规定》于 2001 年 11 月 14 日以公安部令第 61 号发布，自 2002 年 5 月 1 日起施行。该规定共 10 章 48 条，分为：总则，消防安全责任，消防安全管理，防火检查和火灾隐患整改，消防安全宣传教育和培训，灭火、应急疏散预案和演练，消防档案，奖惩等。该规定出台的目的主要是加强和规范社会单位自身的消防安全管理，预防火灾和减少火灾危害，推行"自我管理、责任自负"的消防社会化工作机制。

（二）公共娱乐场所消防安全管理规定

《公共娱乐场所消防安全管理规定》于 1999 年 5 月 11 日以公安部令第 39 号发布，自 1999 年 5 月 25 日起施行。该规章对公共娱乐场所的定义是向公众开放的影剧院、录像厅、礼堂等演出、放映场所；舞厅、卡拉 OK 厅等歌舞娱乐场所；具有娱乐功能的夜总会、音乐茶座和餐饮场所；游艺、游乐场所；保龄球馆、旱冰场、桑拿浴室等营业性健身、休闲场所等室内场所。该规章共 23 条，其中第 6 条至第 13 条规定了公共娱乐场所的消防安全技术要求，包括设置场所、防火分区设置、内部装修设计、安全疏散、应急照明设置、电气线路敷设以及地下建筑内设置公共娱乐场所技术要求等内容。同时，第 14 条至第 17 条设定了禁止性条款，规定公共娱乐场所内严禁带入和存放易燃易爆物品；严禁在公共娱乐场所营业时进行设备检修、电气焊、油漆粉刷等施工、维修作业；演出、放映场所的观众厅内禁止吸烟和明火照明；公共娱乐场所在营业时，不得超过额定人数等。另外，规定公共娱乐场所应当制定防火安全管理制度、全员防火安全责任制度，制订紧急疏散方案，指定专人在营业期间、营业结束后进行安全巡视检查。

（三）社会消防安全教育培训规定

《社会消防安全教育培训规定》于 2008 年 12 月 30 日以公安部令第 109 号发布，自 2009 年 6 月 1 日起施行。该规章共 6 章 37 条，主要内容包括：

1. 部门管理职责。

公安、教育、民政、人力资源和社会保障、住房和城乡建设、文化、广电、安监、旅游、文物等部门应当依法开展有针对性的消防安全培训教育工作，并结合本部门职业管理工作，将消防法律法规和有关消防技术标准纳入执业或从业人员培训、考核内容。

2. 消防安全培训。

单位应当建立健全消防安全教育培训制度，保障教育培训工作经费，按照规定对职工进行消防安全教育培训；在建工程的施工单位应当在施工前对施工人员进行消防安全教育，并做好建设工地宣传和明火作业管理等，建设单位应当配合施工单位做好消防安全教育工作；各类学校、居（村）委员会、新闻媒体、公共场所、

旅游景区、物业服务企业等单位依法履行消防安全教育培训工作职责。

3. 消防安全培训机构。

国家机构以外的社会组织或者个人利用非国家财政性经费，成立消防安全专业培训机构，面向社会从事消防安全培训的，应当经省级教育行政部门或者人力资源和社会保障部门依法批准，并到省级民政部门申请民办非企业单位登记。消防安全专业培训机构应当按照有关法律法规、规章和章程规定，开展消防安全专业培训，保证培训质量。消防安全专业培训机构开展消防安全专业培训，应当将消防安全管理、建筑防火和自动消防设施施工、操作、检测、维护技能作为培训的重点，对经理论和技能操作考核合格的人员，颁发培训证书。

4. 奖惩。

地方各级人民政府及有关部门和社会单位对在消防安全教育培训工作中有突出贡献或者成绩显著的，给予表彰奖励。公安、教育、民政、人力资源和社会保障、住房和城乡建设、文化、广电、安全监管、旅游、文物等部门依法对不履行消防安全教育培训工作职责的单位和个人予以处理。

第四节　消防标准

一、消防标准的概念及分类

（一）消防标准的概念

消防标准是指通过消防标准化活动，按照规定的程序经协商一致制定，为各种活动或其结果提供规则、指南或特性，供共同使用和重复使用的规范性文件。

（二）消防标准的分类

消防标准从不同的角度划分为以下类型：

1. 根据层级和有效的适用范围分类。

（1）国家标准。该类标准由国务院标准化行政主管部门批准发布，在全国范围内适用。国家标准是消防标准的主要组成部分，其内容涉及建设工程、石油化工、机械加工、电气、器材装备以及其他有关专业领域，如《建筑设计防火规范》（GB 50016 – 2014）等。

（2）公共安全行业标准。该类标准是由国务院公安部门，为了在全国某个行业范围内统一有关技术要求而制定，在本行业范围内适用，如《人员密集场所消防安全管理》（GA 654 – 2006）等。

（3）地方标准。该类标准由省、自治区、直辖市标准化行政主管部门在没有国家标准和行业标准的情况下，为了在本辖区范围内统一有关技术要求而制定，在本行政区域范围内适用，如《北京市电气防火检测技术规范》（DB11 – 065 – 2000）等。

（4）企业标准。该类标准是企业生产的产品在没有国家标准和行业标准的情况下，由企业制定的标准，作为组织生产的依据。企业的产品标准须报当地政府标准化行政主管部门和有关行政主管部门备案。已有国家标准或者行业标准的，国家鼓励企业制定严于国家标准或者行业标准的企业标准，在企业内部适用。在没有国家标准和行业标准的情况下，企业标准就是判定该企业产品是否合格的依据，当企业标准高于国家标准或行业标准时，企业产品承诺的企业标准就是判定该企业产品是否合格的依据。

2. 根据标准的强制约束力不同分类。

（1）强制性标准。该类标准是指具有法律属性，在一定范围内通过法律、行政法规等强制手段加以实施的标准。凡属保障人体健康，人身、财产安全的标准和法律、行政法规规定强制执行的标准，都属于强制性标准。强制性标准必须执行，否则就要承担相应法律后果。

（2）推荐性标准。该类标准又称非强制性标准，是指在生产、交换、使用方面，通过经济手段或市场调节而自愿采用的一类标准。这类标准是否采用由单位自己决定，国家鼓励采用推荐性标准，而不能强制。

3. 根据标准内容不同分类。

（1）消防基础标准。该类标准主要是规范消防通用术语、基本方法、图形符号和型号分类等，如《火灾分类》（GB 4968 – 2008）。

（2）消防工程技术标准。该类标准主要是规范建筑、库房、桥梁、涵洞以及消防设施等建设工程的设计、施工和验收等方面的标准，如《火灾自动报警系统设计规范》（GB 50116 – 2013）等。

（3）消防产品标准。该类标准主要是规范固定灭火系统、灭火剂、消防车、防火材料、建筑构件、灭火器、消防装备等消防产品的技术参数、性能要求、检测试验以及使用维护等方面的标准，如《火灾显示盘》（GB 17429 – 2011）等。

（4）消防管理标准。该类标准主要是规范消防安全管理方面的标准，如《建筑消防设施的维护管理》（GB 25201 – 2010）等。

二、常用消防标准介绍

（一）建筑防火设计规范

《建筑设计防火规范》（GB 50016 – 2014）共分 12 章，主要内容包括：总则；术语和符号；建筑物及其设施的防火设计要求，如厂房和仓库，甲、乙、丙类液体、气体储罐（区）与可燃材料堆场，民用建筑，建筑构造，灭火救援设施，消防设施的设置，供暖、通风和空气调节，电气，木结构建筑，城市交通隧道等。

该规范适用于以下新建、扩建和改建的建筑：厂房，仓库，民用建筑，甲、乙、丙类液体储罐（区），可燃、助燃气体储罐（区），可燃材料堆场，城市交通隧道；不适用于火药、炸药及其制品厂房（仓库）、花炮厂房（仓库）的建筑防火设计。

（二）火灾自动报警系统设计规范

《火灾自动报警系统设计规范》（GB 50116－2013）共分12章，主要内容包括：总则，术语，基本规定，消防联动控制设计，火灾探测器的选择，系统设备的设置，住宅建筑火灾自动报警系统，可燃气体探测报警系统，电气火灾监控系统，系统供电、布线，典型场所的火灾自动报警系统等。

（三）消防给水及消火栓系统技术规范

《消防给水及消火栓系统技术规范》（GB 50974－2014）共分14章，主要内容包括：总则，术语和符号，基本参数，消防水源，供水设施，给水形式，消火栓系统，管网，消防排水，水力计算，控制与操作，施工，系统调试与验收，维护管理等。

（四）自动喷水灭火系统设计规范

《自动喷水灭火系统设计规范》（GB 50084－2017）共分12章，主要内容包括：总则，术语和符号，设置场所火灾危险等级，系统选型，设计基本参数，系统组件，喷头布置，管道，水力计算，供水，操作与控制，局部应用系统等。

（五）建筑灭火器配置设计规范

《建筑灭火器配置设计规范》（GB50140－2005）共分7章，主要内容包括：总则，术语和符号，灭火器配置场所的火灾种类和危险等级，灭火器的选择，灭火器的设置，灭火器的配置，灭火器配置设计计算。

（六）建筑消防设施的维护管理

《建筑消防设施的维护管理》（GB 25201－2010）规定了建筑消防设施值班、巡查、检测、维修、保养、建档等维护管理内容，对于引导和规范建筑消防设施的维护管理工作，确保建筑消防设施的完好有效具有重要意义。

（七）人员密集场所消防安全管理

《人员密集场所消防安全管理》（GA654－2006）规定了人员密集场所使用和管理单位的消防安全管理要求和措施。该标准适用于各类人员密集场所及其所在建筑的消防安全管理。人员密集场所可以通过采用本标准规范自身消防安全管理行为，建立消防安全自查、火灾隐患自除、消防责任自负的自我管理与约束机制，达到防止火灾发生、减少火灾危害、保障人身和财产安全的目的。

（八）消防控制室通用技术要求

《消防控制室通用技术要求》（GB 25506－2010）规定了消防控制室的一般要求、消防安全管理、控制和显示要求、信息记录要求、信息传输要求。该标准适用于《火灾自动报警系统设计规范》中规定的集中火灾报警系统、控制中心报警系统中的消防控制室或消防控制中心。

第五节 消防法律责任

一、消防法律责任概述

从广义上讲，消防法律责任是指消防安全责任主体依法应当履行的消防安全职责义务，以及因违反消防安全法定职责义务而应承担的违法责任后果。狭义上讲，消防法律责任是指消防安全责任主体因违反法定消防安全职责义务而应依法承担的违法责任后果。本节内容从狭义上讲消防法律责任。

（一）消防法律责任的主要形式

根据有关法律的规定，追究消防违法行为法律责任形式有两种，一种是消防行政责任，另一种是消防刑事责任。

（二）消防法律责任的构成要件

1. 行为违法。

行为违法，指行为人实施了违反消防法律、法规的行为，包括积极的作为和消极的不作为。所谓作为是指责任主体积极地去实施消防法律法规所禁止的行为，不作为是指责任主体消极地不去实施消防法律规定应当由自己实施的行为。

2. 行为有危害后果。

危害后果是指违反消防法律、法规的行为对消防安全所造成的消极影响。这种消极影响可以是已经造成的，也可以是可能造成的。损害并不是以实际损害的发生为条件，如人员密集场所在门窗上设置影响逃生和灭火救援的障碍物的行为，所导致的将是一旦发生火灾直接影响人员的逃生和灭火救援的危害后果，尽管这种损害没有实际发生，但违法行为已经使这种损害后果具有发生的可能，因此，也应依法给予行政处罚。如果某些行为对消防安全没有造成损害，也不可能造成损害，这种行为没有危害性可言，也就不构成违法。损害结果不仅是决定是否构成违法行为的构成要件，它的轻重也影响到被科处的消防法律责任的轻重。

3. 违法行为与危害后果之间有因果关系。

违法行为与该行为所造成的危害后果之间存在着内在的、必然的联系。例如，火灾发生后阻拦报警，结果会导致火灾得不到及时扑救，从而使火灾扩大蔓延、损失增加。

4. 行为人有过错。

行为人实施违反消防法律法规行为时的心理状态，分为故意与过失两种。所谓故意是指明知自己的行为会发生危害消防安全的结果，希望或者放任这种结果的发生的心理状态，如明知火灾已经发生，却阻拦报告火警。所谓过失是指应当预见自己的行为可能会发生危害消防安全的结果，因疏忽大意而没有预见，或虽有预见但轻信可以避免，以致发生恶劣危害结果的心理状态，如将认为已经熄灭的烟头丢弃在可燃物上，结果导致燃烧起火。

二、消防行政责任

消防行政责任是指违反有关消防法律法规的规定，但尚未构成犯罪的行为依法应当承担的法律责任。消防行政责任分为行政处分和消防行政处罚两大类。

（一）行政处分

1. 行政处分的概念。

行政处分是指对国家工作人员以及在机关、单位任职的人员的消防行政违法行为，由所在单位或者其上级主管机关给予的一种制裁性措施。行政处分不同于行政处罚，行政处分属于内部行政责任。

2. 行政处分的案由。

《消防法》第 67 条对于单位有关人员违法行为应给予行政处分的情形作了如下规定：机关、团体、企业、事业等单位违反本法第 16 条、第 17 条、第 18 条、第 21 条第 2 款规定的，责令限期改正，逾期不改正的，对其直接负责的主管人员和其他直接责任人员依法给予处分或者给予警告处罚。

（二）消防行政处罚

消防行政处罚是指消防行政主体为维护公共消防安全，依法对违反消防法律法规而尚未构成犯罪的消防行政相对人实施的一种法律制裁措施。

1. 消防行政处罚的种类。

（1）警告。警告是指消防行政处罚主体对违法的消防行政相对人依法实施的谴责与告诫处罚。警告是最轻的一种消防行政处罚形式，适用于情节轻微的、对社会危害程度不大的违法行为。

（2）罚款。罚款是指消防行政处罚主体对违法的消防行政相对人依法限令其在一定期限内缴纳一定数额货币的处罚形式。在消防行政处罚种类中，罚款是适用范围最广的一种处罚形式，既适用于公民，也可适用于单位。

（3）没收违法所得。消防法上的没收违法所得，是指消防行政处罚主体依法将违法生产、销售不合格消防产品的行为人、出具虚假文件的消防技术服务机构的违法所得予以没收的一种行政处罚形式。没收是一种剥夺财产权的行政处罚。

（4）责令停产停业和责令停止施工、停止使用。责令停产停业和责令停止施工、停止使用是指消防行政处罚主体依法强制违法的消防行政相对人暂停生产或经营活动的一种处罚形式。它是一种限制违法者生产或经营能力的处罚，并未最终剥夺其生产或经营的资格。因此，这种处罚常附有期限，在相对人改正了违法行为，履行了法律义务以后，可以恢复曾被停止的生产经营活动。在《消防法》中，除责令停产停业处罚外，还设定了责令停止使用、责令停止施工，这两种处罚与责令停产停业性质相同，是责令停产停业处罚在特定情况下的具体表现形式。责令停产停业、停止施工、停止使用是较为严厉的消防行政处罚方式。

（5）责令停止执业或吊销资质、资格。责令停止执业是指消防行政处罚主体依法限制违法的消防行政相对人从事特定职业、行业或从事特定活动的能力的行政处罚。

吊销资质、资格是指消防行政处罚主体依法剥夺、终止违法的消防行政相对人从事特定职业、行业或从事特定活动的资格的行政处罚。

（6）行政拘留。行政拘留是指消防行政处罚主体对违法的消防行政相对人依法在短期内（1～15 日）限制或剥夺被处罚人人身自由的一种行政处罚形式。行政拘留只适用于自然人而不能适用于法人或其他组织，但其法定代表人或主要负责人可以作为拘留处罚对象。

2. 消防行政处罚的案由。

（1）建设工程责任主体消防违法行为及其处罚。建设工程责任主体消防违法行为是指违反《消防法》的有关规定进行建设工程的建设、设计、施工、验收、使用的行为。相关违法行为及其行政处罚主要有：

①建设工程未经消防设计审核擅自施工或者消防设计审核不合格擅自施工，消防设计经抽查不合格不停止施工。有以上行为之一的，应当责令停止施工，并处 3 万元以上 30 万元以下罚款。

②建设工程未经消防验收擅自投入使用或者消防验收不合格擅自投入使用，建设工程投入使用后经抽查不合格不停止使用。有以上行为之一的，应当责令停止使用，并处 3 万元以上 30 万元以下罚款。

③对公众聚集场所未经消防安全检查擅自投入使用、营业或者经消防安全检查不合格擅自投入使用、营业。有以上行为的，应当责令停止使用或者停产停业，并处 3 万元以上 30 万元以下罚款。

④建设单位未进行建设工程消防设计备案或者未进行竣工消防备案的消防违法行为，应当责令限期改正，并处 5000 元以下罚款。

⑤建设单位违法要求建筑设计单位或者建筑施工企业降低消防技术标准设计、施工，建筑设计单位不按照消防技术标准强制性要求进行消防设计，建筑施工企业不按照消防设计文件和消防技术标准施工，降低消防施工质量，以及工程监理单位与建设单位或者建筑施工企业串通，弄虚作假，降低消防施工质量的消防违法行为，应责令改正或者停止施工，并处 1 万元以上 10 万元以下罚款。

（2）单位不履行相关消防职责的违法行为及其处罚。

①消防设施、器材或者消防安全标志的配置、设置不符合国家标准、行业标准，或者未保持完好有效；人员密集场所在门窗上设置影响逃生和灭火救援的障碍物；对火灾隐患经公安机关消防机构通知后不及时采取措施消除。有以上行为之一的，责令其改正的同时处 5000 元以上 5 万元以下罚款。

②损坏、挪用或者擅自拆除、停用消防设施、器材；占用、堵塞、封闭疏散通道、安全出口或者有其他妨碍安全疏散行为；埋压、圈占、遮挡消火栓或者占用防

火间距；占用、堵塞、封闭消防车通道，妨碍消防车通行。有以上行为之一的，责令单位改正的同时处 5000 元以上 5 万元以下罚款。个人有上述违法行为的，处警告或者 500 元以下罚款。

③单位有违反《消防法》第 16 条、第 17 条、第 18 条和第 21 条第 2 款规定的消防违法行为的，应当责令限期改正；逾期不改正的，对其直接负责的主管人员和其他直接责任人员依法给予处分或者给予警告处罚。

（3）易燃易爆危险场所相关违法行为及其处罚。

①生产、储存、经营易燃易爆危险品的场所与居住场所设置在同一建筑物内，或者未与居住场所保持安全距离；生产、储存、经营其他物品的场所与居住场所设置在同一建筑物内，不符合消防技术标准。有以上行为之一的，责令停产停业，并处 5000 元以上 5 万元以下罚款。

②违反消防安全规定进入生产、储存易燃易爆危险品场所；违反规定使用明火作业或者在具有火灾、爆炸危险的场所吸烟、使用明火。有以上行为之一的，对违法行为人处警告或者 500 元以下罚款；情节严重的，处 5 日以下拘留。

（4）可以依据《治安管理处罚法》进行处罚的消防违法行为。违反有关消防技术标准和管理规定生产、储存、运输、销售、使用、销毁易燃易爆危险品；非法携带易燃易爆危险品进入公共场所或者乘坐公共交通工具；谎报火警；阻碍消防车、消防艇执行任务；阻碍公安机关消防机构的工作人员依法执行职务。有以上行为之一的，依照《治安管理处罚法》第 30 条的规定，对违法行为人处 10 日以上 15 日以下拘留；情节较轻的，处 5 日以上 10 日以下拘留。

（5）违反防火禁令的处罚。指使或者强令他人违反消防安全规定，冒险作业；过失引起火灾的；在火灾发生后阻拦报警，或者负有报告职责的人员不及时报警；扰乱火灾现场秩序，或者拒不执行火灾现场指挥员指挥，影响灭火救援；故意破坏或者伪造火灾现场；擅自拆封或者使用被公安机关消防机构查封的场所、部位。有以上行为之一的，尚不构成犯罪的，可对违法行为人处 10 日以上 15 日以下拘留，可以并处 500 元以下罚款；情节较轻的，处警告或者 500 元以下罚款。

（6）不履行组织、引导火灾现场在场人员疏散义务行为的处罚。人员密集场所发生火灾时现场工作人员不履行组织、引导在场人员疏散义务的，情节严重，尚不构成犯罪的，处 5 日以上 10 日以下拘留。

（7）电器产品、燃气用具相关消防违法行为的处罚。电器产品、燃气用具的安装、使用及其线路、管路的设计、敷设、维护保养、检测不符合消防技术标准和管理规定，经责令改正逾期不改正的消防违法行为，责令停止使用，可以并处 1000 元以上 5000 元以下罚款。

（8）生产、使用消防产品相关消防违法行为的处罚。生产、销售不合格的消防产品或者国家明令淘汰的消防产品的，由产品质量监督部门或者工商行政管理部门依照《中华人民共和国产品质量法》的规定从重处罚。人员密集场所使用不合格的消防产品或者国家明令淘汰的消防产品的，责令限期改正；逾期不改正的，处5000 元以上 5 万元以下罚款，并对其直接负责的主管人员和其他直接责任人员处500 元以上 2000 元以下罚款；情节严重的，责令停产停业。公安机关消防机构还应当将发现不合格的消防产品和国家明令淘汰的消防产品的情况通报产品质量监督部门、工商行政管理部门。产品质量监督部门、工商行政管理部门应当对生产者、销售者依法及时予以查处。

（9）消防技术服务相关消防违法行为的处罚。消防产品质量认证、消防设施检测等消防技术服务机构出具虚假文件的消防违法行为，责令改正，处 5 万元以上10 万元以下罚款，并对直接负责的主管人员和其他直接责任人员处 1 万元以上 5万元以下罚款；有违法所得的，并处没收违法所得；给他人造成损失的，依法承担赔偿责任；情节严重的，由原许可机关依法责令停止执业或者吊销相应资质、资格。对消防产品质量认证、消防设施检测等消防技术服务机构出具失实文件，给他人造成损失的，依法承担赔偿责任；造成重大损失的，由原许可机关依法责令停止执业或者吊销相应资质、资格。

三、消防刑事责任

消防刑事责任，是指行为人违反消防法律的有关规定发生重大伤亡事故或者造成其他严重后果构成犯罪的，由司法机关依照《中华人民共和国刑法》（以下简称《刑法》）和刑事诉讼程序给予刑事处罚的一种法律责任。消防刑事责任是一种最严厉的法律责任。

（一）刑事责任的犯罪构成要件

犯罪构成是由刑事实体法规定的，决定某一行为的社会危害性及其程度，并为成立该种犯罪所必需的客观要件和主观要件的总和。

行为人只有实施了犯罪行为，才会承担刑事责任，因此是否构成犯罪是确定应否承担刑事责任的基本条件。任何犯罪都具有四个共同的构成要件，即犯罪主体、犯罪客体、犯罪主观方面、犯罪客观方面。

（二）犯罪与刑罚

1. 犯罪。

（1）犯罪的概念。一切危害国家主权、领土完整和安全，分裂国家、颠覆人民民主专政的政权和推翻社会主义制度，破坏社会秩序和经济秩序，侵犯国有财产或者劳动群众集体所有的财产，侵犯公民私人所有的财产，侵犯公民的人身权利、民主权利和其他权利，以及其他危害社会的行为，依照法律应当受刑罚处罚的，都是犯罪；但是情节显著轻微危害不大的，不认为是犯罪。

（2）犯罪的构成要件。犯罪构成是指刑法规定的犯罪行为所应当具备的一切客观和主观要件的总和。刑法规定犯罪构成的意义在于：一是为区分罪与非罪以及此罪与彼罪提供法律标准；二是为确认行为人的刑事责任提供法律根据；三是为无罪的人不受刑事追究提供法律保障。犯罪构成包括犯罪客体、犯罪的客观方面、犯罪主体和犯罪的主观方面四个要件。

2. 刑罚。

（1）刑罚的概念。刑罚是指刑法规定的由国家审判机关依法对犯罪人适用的以限制或剥夺其一定权益为内容的强制性制裁方法。

（2）刑罚的种类。刑罚分为主刑和附加刑两种。主刑是对犯罪嫌疑人适用的主要刑罚，其特点是只能独立适用而不能附加适用。《刑法》规定的主刑由轻到重依次为管制、拘役、有期徒刑、无期徒刑和死刑。附加刑是补充主刑适用的刑罚，其特点是既可以附加主刑适用，也可以独立使用（没收财产除外），而且在许多情况下对一罪可以同时适用两个以上的附加刑。《刑法》规定的附加刑包括罚金、剥夺政治权利、没收财产和驱逐出境。

（三）与消防安全有关的犯罪与刑罚

与消防安全有关的犯罪，直接危害公共安全或致使公私财产、国家和人民利益遭受重大损失，社会危害性很大。

1. 放火罪。

（1）放火罪的概念。放火罪，是指故意放火焚烧公私财物，危害公共安全的行为。

（2）放火罪的刑罚。犯放火罪尚未造成严重后果的，处 3 年以上 10 年以下有期徒刑；致人重伤、死亡或使公私财产遭受重大损失的，处 10 年以上有期徒刑、无期徒刑或死刑。损害极端严重的，处死刑或无期徒刑。

【案例】邢某于 2008 年 4 月 4 日 21 时许，在其工作的饭店内，因倒垃圾问题与经理陈某发生争执，便把饭馆餐桌下的煤气管道阀门打开，并用打火机点燃，意图烧陈某。煤气着火后将 1 把椅子和隔板烧坏，后饭店员工及时将火扑灭。被点燃的煤气管道连接 4 个大型煤气罐，如不及时扑灭极易引起爆炸，威胁到饭店及饭店周围商店的安全。后邢某被民警当场抓获。邢某为报复他人在饭店内将连接 4 个大型煤气罐的煤气管道点燃，威胁到饭店周围不特定多数人的生命及财产安全，其行为已构成放火罪，当地法院依照《刑法》第 114 条规定，判决被告人邢某犯放火罪，判处有期徒刑 4 年。

2. 失火罪。

（1）失火罪的概念。失火罪，是指由于行为人的过失引起火灾，造成严重后果，危害公共安全的行为。这是一种以过失酿成火灾的危险方法危害公共安全的犯罪。

（2）失火罪的立案标准。过失引起火灾，有下列情形之一的，应予以立案追诉：

①导致死亡 1 人以上，或者重伤 3 人以上的；

②导致公共财产或者他人财产直接经济损失 50 万元以上的；

③造成 10 户以上家庭的房屋以及其他基本生活资料烧毁的；

④造成森林火灾，过火有林地面积 2 公顷以上或者过火疏林地、灌木林地、未成林地、苗圃地面积 4 公顷以上的；

⑤其他造成严重后果的情形。

（3）失火罪的刑罚。《刑法》第 115 条第 2 款规定，犯失火罪的，处 3 年以上 7 年以下有期徒刑；情节较轻的，处 3 年以下有期徒刑或者拘役。

【案例】2004 年 3 月 3 日，吉林市船营区人民检察院对吉林市中百商厦"2004·2·15"特大火灾犯罪嫌疑人于某某等 7 人批准逮捕。其中于某某涉嫌失火罪被提起公诉。公诉机关认为：相关管理规定要求员工不许在工作期间在仓库等存在火灾危险性的地方吸烟。但犯罪嫌疑人于某某在明知此项规定的同时，在工作期间将烟头扔在仓库重地，使没有熄灭的烟头引燃仓库中的易燃物品，并导致此次特大火灾，造成重大人员伤亡和财产损失，后果极其严重，依据《刑法》中的相关规定，应处于某某失火罪。后法院以失火罪判处于某某有期徒刑 7 年。

3. 消防责任事故罪。

（1）消防责任事故罪的概念。消防责任事故罪，是指违反消防管理法规，经消防监督机构通知采取改正措施而拒绝执行，造成严重后果，危害公共安全的行为。

（2）消防责任事故罪的立案标准。违反消防管理法规，经消防监督机构通知采取改正措施而拒绝执行，有下列情形之一的，应予立案追诉：

①导致死亡 1 人以上，或者重伤 3 人以上的；

②直接经济损失 100 万元以上的；

③其他造成严重后果或者重大安全事故的情形。

（3）消防责任事故罪的刑罚。《刑法》第 139 条第 1 款规定，犯消防责任事故罪，处 3 年以下有期徒刑或者拘役；后果特别严重的，处 3 年以上 7 年以下有期徒刑。

【案例】2004 年 2 月 15 日吉林市中百商厦发生特大火灾事故后，法庭查明，在火灾发生之前，吉林市公安局船营分局消防科曾就火灾隐患向中百商厦下达了《责令限期改正通知书》。但该商厦总经理刘某某、副总经理赵某、保卫科科长马某某对该通知书提出的有关改正要求未予全部落实，导致仓库着火后，火势蔓延至商厦楼内，造成重大人员伤亡及财产损失。针对以上 3 人，法庭判决如下：中百商厦原总经理刘某某犯消防责任事故罪，判处有期徒刑 6 年；中百商厦原副总经理赵某犯消防责任事故罪，判处有期徒刑 5 年；中百商厦保卫科原科长马某某犯消防责任事故罪，判处有期徒刑 4 年。

4. 重大责任事故罪。

（1）重大责任事故罪的概念。重大责任事故罪，是指在生产、作业中违反有关安全管理的规定，因而发生重大伤亡事故或者造成其他严重后果的行为。

（2）重大责任事故罪的立案标准。在生产、作业中违反有关安全管理的规定，有下列情形之一的，应予以立案追诉：

①造成死亡1人以上，或者重伤3人以上的；

②造成直接经济损失100万元以上的；

③其他造成严重后果或者重大安全事故的情形。

（3）重大责任事故罪的刑罚。《刑法》第134条第1款规定，在生产、作业中违反有关安全管理的规定，因而发生重大伤亡事故或者造成其他严重后果的，处3年以下有期徒刑或者拘役；情节特别恶劣的，处3年以上7年以下有期徒刑。

【案例】2010年11月15日，上海市静安区胶州路728号公寓大楼发生特别重大火灾事故后，经法院审理查明，2010年6月初，静安区胶州路教师公寓节能改造工程被违法层层转包，最后脚手架项目中的电焊作业又被不具备资质的施工方承包，之后又招用无有效特种作业操作证的吴某某和王某某等人从事电焊作业。施工期间，存在未经审批动火、电焊作业工人无有效特种作业证、电焊作业时未配备灭火器及接火盆等严重安全事故隐患。相关被告人的行为致使教师公寓节能改造项目施工组织管理混乱，施工安全监管缺失，施工重大安全事故隐患未能及时排除。11月15日，在没有申请动火证的情况下，电焊工吴某某及电焊辅助工王某某在无灭火器及接火盆的情况下违规进行电焊作业。电焊溅落的金属熔融物引燃下方9层脚手架防护平台上堆积的聚氨酯材料碎块、碎屑，引发火灾，造成58人死亡、71人受伤的特别严重后果。2010年8月2日下午，上海市第二中级人民法院对"11·15"特别重大火灾事故相关6起刑事案件作出一审判决，分别判处26名被告人有期徒刑16年至免予刑事处罚。

5. 大型群众性活动重大安全事故罪。

（1）大型群众性活动重大安全事故罪的概念。大型群众性活动重大安全事故罪，是指举办大型群众性活动违反安全管理规定，因而发生重大伤亡事故或者造成其他严重后果的行为。

（2）大型群众性活动重大安全事故罪的立案标准。举办大型群众性活动违反安全管理规定，有下列情形之一的，应予以立案追诉：

①造成死亡1人以上，或者重伤3人以上的；

②造成直接经济损失100万元以上的；

③其他造成严重后果或者重大安全事故的情形。

（3）大型群众性活动重大安全事故罪的刑罚。《刑法》第135条第2款规定，举办大型群众性活动违反安全管理规定，因而发生重大伤亡事故或者造成其他严重后果的，对直接负责的主管人员和其他直接责任人员，处3年以下有期徒刑或者拘役；情节特别恶劣的，处3年以上或者7年以下有期徒刑。

6. 危险物品肇事罪。

（1）危险物品肇事罪的概念。危险物品肇事罪，是指违反爆炸性、易燃性、放射性、毒害性、腐蚀性物品的管理规定，在生产、储存、运输、使用中，由于过失发生重大事故，造成严重后果的行为。

（2）危险物品肇事罪的刑罚。《刑法》第 136 条规定，违反爆炸性、易燃性、放射性、毒害性、腐蚀性物品的管理规定，在生产、储存、运输、使用中发生重大事故，造成严重后果的，处 3 年以下有期徒刑或者拘役；后果特别严重的，处 3 年以上 7 以下有期徒刑。

【案例】2009 年 2 月 9 日 21 时许，在建的央视新台址园区文化中心发生特大火灾事故，大火持续 6h，在救援过程中 1 名消防队员牺牲，6 名消防队员和 2 名施工人员受伤。过火面积 8490 m²，造成直接财产损失 16383 万元。经查这是一起责任事故，火灾由违规燃放烟花引起。之后，71 名事故责任人受到消防安全法律责任追究，并于 2010 年 5 月 10 日在北京市第二中级人民法院进行一审宣判，首批 23 人均以危险物品肇事罪被起诉，有的是因决策指挥、运输燃放被追究责任，有的则是因监管不力而致事故发生，但以责任大小，量刑轻重不同。其中，央视新址办原主任徐某获刑最重，判处有期徒刑 7 年。

7. 强令违章冒险作业罪。

（1）强令违章冒险作业罪的概念。强令违章冒险作业罪，是指强令他人违章冒险作业，因而发生重大伤亡事故或者造成其他严重后果的行为。

（2）强令违章冒险作业罪的刑罚。《刑法》第 134 条第 2 款规定，强令他人违章冒险作业，因而发生重大伤亡事故或者造成其他严重后果的，处 5 年以下有期徒刑或者拘役；情节特别恶劣的，处 5 年以上有期徒刑。

8. 不报、谎报安全事故罪。

（1）不报、谎报安全事故罪的概念。不报、谎报安全事故罪，是指在安全事故发生后，负有报告职责的人员不报或者谎报事故情况，贻误事故抢救，情节严重，危害公共安全的行为。

（2）不报、谎报安全事故罪的刑罚。《刑法》第 139 条第 2 款规定，在安全事故发生后，负有报告职责的人员不报或者谎报事故情况，贻误事故抢救，情节严重的，处 3 年以下有期徒刑或者拘役；情节特别严重的，处 3 年以上 7 年以下有期徒刑。

9. 玩忽职守罪。

（1）玩忽职守罪的概念。玩忽职守罪，是指国家机关工作人员严重不负责任，不履行或不正确地履行自己的工作职责，致使公共财产、国家和人民利益遭受重大损失的行为。

（2）玩忽职守罪的刑罚。《刑法》第 397 条规定，国家机关工作人员玩忽职守，致使公共财产、国家和人民利益遭受重大损失的，处 3 年以下有期徒刑或者拘役；情节特别严重的，处 3 年以上 7 年以下有期徒刑。

练习题

一、单项选择题

1. 下列属于消防行政法规的是____。 　　　　　　　　　　　　 （　　）

A. 《中华人民共和国消防法》　　　　　B. 《中华人民共和国安全生产法》

C. 《危险化学品安全管理条例》　　　　D. 《河北省消防条例》

2. 《机关、团体、企业、事业单位消防安全管理规定》属于____。 （　　）

A. 消防法律　　　　　　　　　　　　　B. 行政法规

C. 部门规章　　　　　　　　　　　　　D. 消防标准

3. 2017年6月3日，某市天天娱乐城发生火灾，造成3人死亡，后经查明，火灾是由于陈某吸烟后将烟头随意丢弃引燃沙发所致，其行为造成的后果严重，已经触犯了刑律，依法应以____罪名对其起诉。 　　　　　　　　　　　　　　　　　　　　　（　　）

A. 放火罪　　　　　　　　　　　　　　B. 失火罪

C. 消防责任事故罪　　　　　　　　　　D. 重大责任事故罪

4. 《社会消防安全教育培训规定》属于____。 　　　　　　　（　　）

A. 消防法律　　　　　　　　　　　　　B. 行政法规

C. 部门规章　　　　　　　　　　　　　D. 消防标准

5. 消防设施未保持完好有效处以____罚款。 　　　　　　　（　　）

A. 500元以下　　　　　　　　　　　　B. 5000元以上5万元以下

C. 1万元以上10万元以下　　　　　　　D. 3万元以上30万元以下

二、多项选择题

1. 下面____行为属于是消防安全违法行为，不属于治安违法行为。 （　　）

A. 建筑设计单位不按照消防技术标准强制性要求进行消防设计的

B. 消防设计经公安机关消防机构依法抽查不合格，不停止施工的

C. 违反有关消防技术标准和管理规定生产、储存、运输、销售、使用、销毁易燃易爆危险品的

D. 占用、堵塞、封闭疏散通道、安全出口或者有其他妨碍安全疏散行为的

2. 下列属于公共娱乐场所的是____。 　　　　　　　　　　　（　　）

A. 歌舞娱乐场所　　　　　　　　　　　B. 音乐茶座和餐饮场所

C. 游艺、游乐场所　　　　　　　　　　D. 公共展览馆

3. 消防法律规范体系是由____等构成。 　　　　　　　　　　（　　）

A. 消防法律　　　　　　　　　　　　　B. 消防行政法规和地方性法规

C. 规范性文件　　　　　　　　　　　　D. 消防行政规章以及消防技术标准

4. 违反消防管理法规，经消防监督机构通知采取改正措施而拒绝执行，有下列情形之一，属于消防责任事故罪立案标准。 　　　　　　　　　　　　（　　）

A. 导致死亡1人以上，或者重伤3人以上的

B. 造成直接经济损失 50 万元以上的

C. 造成直接经济损失 100 万元以上的

D. 造成森林火灾，过火有林地面积 2 公顷以上

5. 下列消防标准，属于按照层级和有效适用范围不同分类范畴的是____。　　　（　　）

A. 国家标准　　　　　　　　　　　B. 公共安全行业标准

C. 消防管理标准　　　　　　　　　D. 企业标准

三、判断题（正确的请在括号内打"√"，错误的请在括号内打"×"）

1. 消防责任事故罪是指行为人违反消防管理法规，经消防监督机构通知采取改正措施而拒绝执行，造成严重后果，危害公共安全的行为。　　　　　　　　　　　　　（　　）

2. 失火罪是指行为人引起火灾，造成受害人重伤、死亡或者使公私财产遭受重大损失的严重后果，危害公共安全的行为。　　　　　　　　　　　　　　　　　　　（　　）

3. 消防规章可由公安部单独颁布，也可由公安部会同别的部门联合下发。　（　　）

4. 违反爆炸性、易燃性的管理规定，在生产、储存中发生重大事故，造成严重后果的，判处重大责任事故罪。　　　　　　　　　　　　　　　　　　　　　　　（　　）

5.《消防法》的立法宗旨是预防火灾和减少火灾危害，加强应急救援工作，保护人身、财产安全，维护公共安全。　　　　　　　　　　　　　　　　　　　　　　（　　）

第三章 消防工作基本要求

【内容提要】本章依据《消防法》和《机关、团体、企业、事业单位消防安全管理规定》等有关消防法律法规，阐述了我国消防工作的方针和原则，单位消防安全管理职责和相关人员的消防安全职责义务，以及单位开展消防工作的基本要求。通过本章学习，读者应知晓消防工作的方针、原则和制度以及消防工作在单位生产经营、管理和发展中的重要作用，明确单位及其相关人员的消防安全职责，掌握单位消防组织、制度建设的内容及要求，消防安全重点单位和部位的确定、特殊场所等安全管理的内容及要求，防火巡查、检查和岗位自查的方法、内容及要求，火灾隐患的判定及整改要求，消防安全宣传教育与培训的方法、内容及要求，灭火和应急疏散预案的编制及演练要求，火灾事故处置要求和常见物质及场所的火灾扑救，以及消防档案的建设与管理要求等内容。

机关、团体、企业、事业等单位作为社会消防管理的基本单元，其在消防工作中的主体地位、作用是政府和监督部门无法替代的，只有每个单位自觉履行《消防法》赋予的各项消防安全职责，加强自我防范，消防工作才会有坚实的社会基础，才能有效预防和遏制火灾事故的发生。

第一节 消防工作概述

一、消防工作的方针

《消防法》规定，我国消防工作的方针是"预防为主，防消结合"。该方针科学、准确地表达了"防"和"消"的辩证关系，反映了人类同火灾作斗争的客观规律，体现了我国消防工作的特色，是指导消防工作的行动指南。

（一）预防为主

"预防为主"，就是在消防工作的指导思想上，要把预防火灾工作摆在首位。我国早在战国时期就提出了"防为上，救次之"的思想。历史证明，消防工作中应把火灾预防工作放在首位，动员和依靠全社会成员积极贯彻落实各项防火措施，防患于未然，力求从根本上杜绝火灾的发生。无数事实证明，只要人们具有较强的消防安全意识，自觉遵守执行消防法律法规、消防技术标准和规章制度，大多数火灾是可以预防的。

（二）防消结合

"防消结合"，就是把同火灾作斗争的两个基本手段——防火和灭火有机地结合起来，做到相辅相成、互相促进。因为通过预防虽然可以防止大多数火灾的发生，但随着社会的发展，潜在的火灾隐患不断产生，完全杜绝火灾的发生是不可能的，也是不现实的。因此，在做好火灾预防的同时，必须切实做好扑救火灾的各项准备工作，一旦发生火灾，做到及时发现、有效扑救，最大限度地减少人员伤亡和财产损失。

由此可见，"防"和"消"是不可分割的整体，"防"是矛盾的主要方面，"消"是弥补"防"的不足，这是达到一个目的的两种手段，两者是相辅相成、互为补充的。只有全面地、正确地理解并贯彻"预防为主、防消结合"的方针，才能有效地同火灾作斗争。

二、消防工作的原则和制度

（一）消防工作的原则

消防工作的原则是贯穿于全部消防工作中的基本准则和内在精神，是国家消防立法和各个管理主体在具体的管理过程中都应当遵循的基本准则。《消防法》规定，消防工作按照"政府统一领导、部门依法监管、单位全面负责、公民积极参与"的原则，这是我国长期以来消防工作的经验总结。

1. 政府统一领导。

消防安全是政府社会管理和公共服务的重要内容，是社会稳定和经济发展的重要保障。国务院领导全国的消防工作，地方各级人民政府负责本行政区域内的消防工作，这是关于各级人民政府消防工作责任的原则规定。国务院作为中央人民政府、最高国家权力机关的执行机关、最高国家行政机关，领导全国的消防工作，国务院在经济社会发展的不同时期，向各省、自治区、直辖市人民政府发出加强和改进消防工作的意见。同时，《消防法》也对地方政府消防工作责任作了具体规定。

2. 部门依法监管。

政府部门是政府的组成部分，代表政府管理某个领域的公共事务，公安机关及其消防机构是代表政府依法对消防安全实施监督管理的部门。但是消防安全涉及面广，仅靠公安机关及其消防机构的监管是不够的，安监、建设、工商、质监、文化、教育、人力资源等部门也应当依据有关法律法规和政策规定，依法履行相应的消防安全监管职责。政府各部门齐抓共管，是消防工作的社会化属性决定的。

3. 单位全面负责。

单位是社会的基本单元，也是社会消防管理的基本单元。单位对消防安全和致灾因素的管理能力，反映了社会公共消防安全管理水平，在很大程度上决定了一个城市、一个地区的消防安全形势。单位是自身消防安全的责任主体，每个单位都自觉依法落实各项消防安全职责，实行自我防范，消防工作才会有坚实的社会基础，火灾才能得到有效控制。据统计，我国90%以上的重特大火灾都发生在社会单位。单位主体责任不落实，管理水平上不去，消防安全就永无宁日。为此，《消防法》对机关、团体、企业、事业等单位的消防安全责任作了明确规定。

4. 公民积极参与。

公民是消防工作的基础，没有广大人民群众的参与，防范火灾的基础就不会牢固。如果每个公民都具有消防安全意识和基本的消防知识、技能，形成人人都是消防工作者的局面，全社会的消防安全就会得到有效保证。公民参与体现在消防工作的方方面面，无论是防火还是灭火，无论是公共消防管理还是单位内部消防管理，都必须体现公民参与。贯彻公民参与原则，一是要加强对广大群众的消防知识宣传教育，提高广大群众的消防安全意识、消防知识、灭火和逃生技能；二是完善政府消防信息公开制度，对涉及公民利益、对公共安全影响较大的事项要进行公开，保障公民的知情权；三是制定、修改消防法律、法规、技术标准，要向社会公开，广泛征求群众意见，保障公民的参与权；四是国家要制定相应的奖励制度和行政补偿制度，鼓励积极参与消防工作的公民，尤其是对于参加灭火使个人的利益或身体受到损害的应当予以奖励或补偿；五是各单位要制定并落实消防安全岗位责任制，把消防安全工作落实到每个岗位的从业人员。

（二）消防安全责任制度

《消防法》规定，消防工作实行消防安全责任制。这是我国做好消防工作的经验总结，也是从无数火灾中得出的教训。消防安全责任制对于一个城市、一个地区来说，首先是政府对消防工作负有领导责任，地方各级人民政府应当对本行政区域内的消防工作负责；对于一个单位来说，首先是单位法定代表人或者主要负责人应当对本单位的消防安全工作全面负责，并在单位内部实行和落实逐级防火责任制和岗位防火责任制。每位分管领导应当对自己分管工作范围内的消防安全工作负责，各部门、各班组负责人以及每个岗位的人员应当对自己管辖工作范围内的消防安全负责，切实做到"谁主管，谁负责；谁在岗，谁负责"，保证消防法律法规的贯彻执行，保证消防安全措施落到实处。实践证明，实行消防安全责任制，进一步强化消防工作各主体的消防安全责任，建立覆盖全社会的消防安全工作责任机制，有利于增强全社会的消防安全意识，有利于调动各部门、各单位和广大群众做好消防安全工作的积极性。只有"政府"、"部门"、"单位"、"公民"四方责任主体在消防安全方面各尽其责，才能使每个单位、每个家庭乃至每个人的消防安全得到有效保障，才能进一步提高全社会整体抵御火灾的能力。

为深入贯彻《消防法》《安全生产法》和党中央、国务院关于安全生产及消防安全的重要决策部署，按照政府统一领导、部门依法监管、单位全面负责、公民积极参与的原则，坚持党政同责、一岗双责、齐抓共管、失职追责，进一步健全消防安全责任制，提高公共消防安全水平，预防火灾和减少火灾危害，保障人民群众生命财产安全，国务院办公厅于 2017 年 10 月 29 日公开发布了《消防安全责任制实施办法》。该办法共 6 章 31 条，主要内容包括：第一章总则。明确了法理政策依据、目的意义和指导原则。第二章地方各级人民政府消防工作职责。从省级政府开始，市、地、县、乡镇政府一直到街道办事处，明确规定地方各级政府的主要负责人是消防工作的第一责任人，分管的政府负责人为主要负责人，班子的其他成员对分管范围内的消防工作负领导责任。第三章县级以上人民政府工作部门消防安全职责。按照管行业必须管安全，管业务必须管安全，管生产经营必须管安全的要求，分别规定了负有行政审批的职能部门和负有行政管理的职能部门，在各自职责范围内依法依规做好本行业、本系统的消防安全工作。第四章单位消防安全职责。分三个层次，规定了一般单位、重点单位、高危单位不同的消防安全职责，并明确强调坚持单位消防安全自查、隐患自除、责任自负，明确消防安全主体责任，法人代表负主体责任，是消防安全的责任人。第五章责任落实。规定了消防工作的考核、结果应用、责任追究。同时从四个方面举措保证消防安全责任落实到位：一是注重责任目标的考评，二是强化了责任考核的结果运用，三是前移责任追究的关口，四是加大了火灾事故责任的追究力度。本章明确强调，坚持职权一致，依法履职，失职追责，对不履行或不按规定履行职责的要追究相关责任。

三、消防工作的作用及特点

（一）消防工作的作用

消防工作与单位生产、经营、经济发展的关系十分密切，其作用主要体现在以下方面：

1. 预防火灾和减少火灾危害。

消防工作的首要职能就是做好预防火灾的各项工作，防止火灾发生。其次是切实落实扑救火灾的各项准备工作，以便最大限度地减少火灾的危害。表面上看导致火灾事故发生的直接原因是由于人的不安全行为和物的不安全状态引起，然而在这些直接原因背后潜伏的深层原因是消防安全管理缺失。例如，2017 年 2 月 5 日浙江省台州市天台县一足浴中心发生火灾事故，造成 18 人死亡，18 人受伤。经事故调查组认定，火灾直接原因是该足浴中心 2 号汗蒸房西北角墙面的电热膜导电部分出现故障，局部过热，电热膜被聚苯乙烯保温层、铝箔反射膜及木质装修材料包敷，导致散热不良，热量积聚，温度持续升高，引燃周围可燃物蔓延成灾。其火灾间接原因是该单位安全生产主体责任不落实。以弄虚作假方式通过消防审批许可；无视消防法律法规规定和竣工验收备案抽查整改要求，擅自将汗蒸房恢复功能投入使用，导致经营场所存在重大火灾隐患；内部管理混乱，消防安全责任和规章制度不落实，未明确消防安全管理人员，未按规定开展日常检查、事故隐患排查，也未对员工进行消防安全知识培训和应急疏散演练等。因此，要求单位消防安全责任人平时在思想上要高度重视消防工作，树立消防安全责任意识，在管理上建章立制，落实好各项防火措施，加强消防安全培训，提高员工的消防安全"四个能力"，形成坚实的消防基础。

2. 保护公民生命和财产安全。

消防工作以一种特殊的劳动形式产生对人的生命和财产安全的价值保障作用，保护已有的人力资源、财力资源和物力资源不受火灾的损失和影响，并持续稳定地为单位生产、经营、发展提供基本保障。虽然消防工作不直接创造具体的财富利润，但却存在于创造财富利润的经济活动的始末，是创造社会财富的基本保障条件。随着经济的发展，社会财富日益增多，火灾给人类造成的财产损失越来越巨大。火灾，能烧掉人类经过辛勤劳动创造的物质财富，使工厂、仓库、建筑物和大量的生产、生活资料化为灰烬，使受灾单位停工、停产、停业甚至破产，而且能直接或间接地残害人类生命。所以消防工作对公民生命和财产安全的保障作用是显而易见的，如果缺少良好的消防安全环境，单位生产经营活动将不会持续稳定进行。

3. 提高单位生产经济效益。

单位消防工作做好了，能有效地预防和减少火灾危害，从而达到保护人身和公私财产安全，这实际上就是消防工作的经济收益的具体体现。若单位为了眼前的一点儿利益而省去必要的消防投入，势必增大单位的火灾风险。一旦发生火灾，全部财产将付之一炬，根本无经济效益可谈。一次次火灾警示大家，在集中精力搞生产经营的同时，千万不可忽视消防工作。

4. 维护公共安全。

做好消防工作，维护公共安全，不仅是政府及政府有关部门履行社会管理和公共服务职能，提高公共消防安全水平的重要内容，同时也是全社会每个单位和公民的权利和义务。社会各单位和公民应当贯彻预防为主、防消结合的方针，全面落实消防安全责任制，切实维护公共安全、保护消防设施、预防火灾，正确处理好消除火灾隐患和加快经济发展的关系，依法推行消防安全自我管理、自我约束，保护自身合法权益，保障社会主义和谐社会建设。

（二）消防工作的特点

1. 社会性。

消防工作具有广泛的社会性，其涉及社会的各个领域、各行各业、千家万户。凡是有人员工作、学习、生活的地方都有可能发生火灾。因此，要真正在全社会做到预防火灾的发生，就必须按照政府统一领导、部门依法监管、单位全面负责、公民积极参与的原则，实行全民消防。

2. 行政性。

消防工作是政府履行社会治理和公共服务职能的重要内容，各级人民政府必须加强对消防工作的领导，这是贯彻落实总体国家安全观，为新时代中国特色社会主义建设创造良好的消防安全环境的基本要求。国务院作为中央人民政府，领导全国的消防工作。诸如城乡消防规划，公共消防基础设施和消防装备的建设，多种形式消防队伍的建立与发展，消防经费的保障以及特大火灾事故的组织扑救等具体工作，均需依靠地方各级人民政府来负责。

3. 经常性。

由于人们在生产、工作、学习和生活中都需要用火，稍有疏漏，无论是春夏秋冬，白天黑夜，每时每刻都有可能酿成火灾。因此，这就决定了消防工作具有经常化属性。

4. 技术性。

火灾的预防和扑救需要运用大量的自然科学和工程技术问题，这就要求从事消防工作的人员要认真研究火灾的规律和特点，掌握一定的科学知识和技术手段，坚持科技先行，依靠科技进步不断提升防火、灭火和灾害救援能力。

第二节　消防安全职责

一、单位消防安全职责

单位消防安全是整个社会消防安全的重要基础，因此，为加强单位的消防安全管理，落实单位的消防安全主体责任，《消防法》和《消防安全责任制实施办法》明确规定了单位应当履行的消防安全管理职责。

（一）一般单位的消防安全职责

机关、团体、企业、事业等一般单位应当履行下列消防安全职责：

（1）明确各级、各岗位消防安全责任人及其职责，制定本单位的消防安全制度、消防安全操作规程、灭火和应急疏散预案。定期组织开展灭火和应急疏散演练，进行消防工作检查考核，保证各项规章制度落实。

（2）按照国家标准、行业标准配置消防设施、器材，设置消防安全标志，并定期组织检验维修，对建筑消防设施每年至少进行一次全面检测，确保完好有效。设有消防控制室的，实行24h值班制度，每班不少于2人，并持证上岗。

（3）保障疏散通道、安全出口、消防车通道畅通，保证防火防烟分区、防火间距符合消防技术标准。人员密集场所的门窗不得设置影响逃生和灭火救援的障碍物。保证建筑构件、建筑材料和室内装修装饰材料等符合消防技术标准。

（4）开展防火检查、巡查，及时消除火灾隐患。

（5）加强对本单位人员的消防宣传教育。

（6）根据需要建立专职或志愿消防队、微型消防站，加强队伍建设，定期组织训练演练，加强消防装备配备和灭火药剂储备，建立与公安消防队联勤联动机制，提高扑救初起火灾能力。

（7）法律、法规规定的其他消防安全职责。

（二）消防安全重点单位的消防安全职责

消防安全重点单位除应当履行一般单位的基本消防安全管理职责外，还应当履行下列消防安全管理职责：

（1）明确承担消防安全管理工作的机构和消防安全管理人并报知当地公安消防部门，组织实施本单位的消防安全管理。消防安全管理人应当经过消防培训。

（2）建立消防档案，确定消防安全重点部位，设置防火标志，实行严格管理。

（3）安装、使用电器产品、燃气用具和敷设电气线路、管线必须符合相关标准和用电、用气安全管理规定，并定期维护保养、检测。

（4）组织员工进行岗前消防安全培训，定期组织消防安全培训和疏散演练。

（5）根据需要建立微型消防站，积极参与消防安全区域联防联控，提高自防自救能力。

（6）积极应用消防远程监控、电气火灾监测、物联网技术等技防物防措施。

（三）火灾高危单位的消防安全职责

对容易造成群死群伤火灾的人员密集场所、易燃易爆单位和高层、地下公共建筑等火灾高危单位，除应当履行一般单位消防安全职责和消防安全重点单位的消防安全职责外，还应当履行下列职责：

（1）定期召开消防安全工作例会，研究本单位消防工作，处理涉及消防经费投入、消防设施设备购置、火灾隐患整改等重大问题。

（2）鼓励消防安全管理人取得注册消防工程师执业资格，消防安全责任人和特有工种人员须经消防安全培训；自动消防设施操作人员应取得建（构）筑物消防员资格证书。

（3）专职消防员或微型消防站应当根据本单位火灾危险特性配备相应的消防装备器材，储备足够的灭火救援药剂和物资，定期组织消防业务学习和灭火技能训练。

（4）按照国家标准配备应急逃生设施设备和疏散引导器材。

（5）建立消防安全评估制度，由具有资质的机构定期开展评估，评估结果向社会公开。

（6）参加火灾公共责任保险。

（四）特定单位的消防安全职责

多产权及承包、租赁或委托经营、管理单位，居民住宅区物业管理单位，公众聚集场所，大型群众性活动举办单位，建设工程的建设、设计、施工等单位，由于其自身特点，应履行下列消防安全特定职责。

1. 多产权建筑物中单位的消防安全职责。

在我国，同一建筑物由两个以上单位管理或者使用的情况较为常见，有的建筑物本身就是多产权，有的是产权单位通过租赁将建筑物的全部或者一部分出租给其他单位，导致多产权或者多管理、使用权相互交织，这类建筑由于涉及多家单位，而且有的属于产权、使用权和管理权分离，容易在管理上导致互相推诿，在经费投入上相互扯皮，致使消防安全管理责任落不到实处，消防设施的配置和维护不到位，消防安全管理方面普遍存在严重问题。因此，《消防法》第18条规定：同一建筑物由两个以上单位管理或者使用的，应当明确各方的消防安全责任，并确定责任人对共用的疏散通道、安全出口、建筑消防设施和消防车通道进行统一管理。

2. 承包、租赁或委托经营、管理时单位的消防安全职责。

实行承包、租赁或者委托经营、管理，是市场经济中常见的经营方式。由于产权与经营、管理权分离，如果责任界定不清，在消防安全管理中就会出现对消防安全管理互相推诿的现象，进而影响单位的消防安全。因此，实行承包、租赁或者委托经营、管理时，产权单位应当提供符合消防安全要求的建筑物，当事人在订立的合同中依照有关规定明确各方的消防安全责任；消防车通道、涉及公共消防安全的疏散设施和其他建筑消防设施应当由产权单位或者委托管理的单位统一管理。

3. 物业服务企业的消防安全职责。

物业服务企业应当按照合同约定提供消防安全防范服务，对管理区域内的共用消防设施和疏散通道、安全出口、消防车通道进行维护管理，及时劝阻和制止占用、堵塞、封闭疏散通道、安全出口、消防车通道等行为，劝阻和制止无效的，立即向公安机关等主管部门报告，定期开展防火检查巡查和消防宣传教育。

4. 建设工程的建设、设计、施工和监理等单位的消防安全职责。

建设、设计、施工和监理等单位应当遵守消防法律、法规、规章和工程建设消防技术标准，在工程设计使用年限内对工程的消防设计、施工质量承担终身责任。

（1）建设单位的消防安全职责。

①依法申请建设工程消防设计审核、消防验收，依法办理消防设计和竣工验收消防备案手续并接受抽查；依法应当经消防设计审核、消防验收的建设工程，未经审核或者审核不合格的，不得组织施工；未经验收或者验收不合格的，不得交付使用。

②选用具有国家规定资质等级的消防设计、施工单位。

③选用合格的消防产品和满足防火性能要求的建筑构件、建筑材料及装修装饰材料。

（2）设计单位的消防安全职责。

①根据消防法规和国家工程建设消防技术标准进行消防设计，编制符合要求的消防设计文件，不得违反国家工程建设消防技术标准强制性要求进行设计。

②选用的消防产品和有防火性能要求的建筑构件、建筑材料、室内外装修装饰材料，应当注明规格、性能等技术指标，其质量要求必须符合国家标准或者行业标准。

（3）施工单位的消防安全职责。

①按照国家工程建设消防技术标准和经消防设计审核合格或者备案的消防设计

文件组织施工，不得擅自改变消防设计进行施工，降低消防施工质量。

②查验消防产品和有防火性能要求的建筑构件、建筑材料及室内装修装饰材料的质量，使用合格产品，保证消防施工质量。

③建立施工现场消防安全责任制度，确定消防安全负责人。加强对施工人员的消防教育培训，落实动火、用电、易燃可燃材料等消防管理制度和操作规程。保证在建工程竣工验收前消防通道、消防水源、消防设施和器材、消防安全标志等完好有效。

（4）工程监理单位的消防安全职责。

①按照国家工程建设消防技术标准和经消防设计审核合格或者备案的消防设计文件实施工程监理。

②在消防产品和有防火性能要求的建筑构件、建筑材料、室内外装修装饰材料施工、安装前，核查产品质量证明文件，不得同意使用或者安装不合格的消防产品和防火性能不符合要求的建筑构件、建筑材料、室内装修装饰材料。

③参加建设单位组织的建设工程竣工验收，对建设工程消防施工质量签字确认。

5. 公众聚集场所的消防安全职责。

公众聚集场所是指宾馆、饭店、商场、集贸市场、客运车站候车室、客运码头候船厅、民用机场航站楼、体育场馆、会堂以及公共娱乐场所等。公众聚集场所在投入使用、营业前，建设单位或者使用单位应当向场所所在地的县级以上地方人民政府公安机关消防机构申请消防安全检查，未经消防安全检查或者经检查不符合消防安全要求的，不得投入使用、营业。

6. 大型群众性活动举办单位的消防安全职责。

举办大型群众性活动，承办人应当依法向公安机关申请安全许可，制订灭火和应急疏散预案并组织演练，明确消防安全责任分工，确定消防安全管理人员，保持消防设施和消防器材配置齐全、完好有效，保证疏散通道、安全出口、疏散指示标志、应急照明和消防车通道符合消防技术标准和管理规定。

7. 社会消防技术服务机构的消防安全职责。

社会消防技术服务机构应当依法设立，社会消防技术服务工作应当依法开展。为建设工程消防设计、竣工验收提供图纸审查、安全评估、检测等消防技术服务的机构和人员，应当依法取得相应的资质、资格，按照法律、行政法规、国家标准、行业标准和执业准则提供消防技术服务，并对出具的审查、评估、检验、检测意见负责。

二、消防安全责任人和管理人的消防安全职责

（一）消防安全责任人的消防安全职责

1. 消防安全责任人的确定。

《消防法》第16条规定：单位的主要负责人是本单位的消防安全责任人。由于单位分为法人单位和非法人单位两种，所以法人单位的法定代表人或者非法人单位的主要负责人是单位的消防安全责任人。

2. 消防安全责任人的消防安全职责。

单位消防安全责任人对本单位的消防安全工作负责，必须有明确的消防安全管理职责，做到权责统一。消防安全责任人应当保障单位消防工作计划、经费和组织保障等重大事项的落实，保障消防安全工作纳入本单位的整体决策和统筹安排，并与生产、经营、管理、科研等工作同步进行、同步发展。

单位的消防安全责任人应当履行下列消防安全职责：

（1）贯彻执行消防法规，保障单位消防安全符合规定，掌握本单位的消防安全情况。

（2）将消防工作与本单位的生产、科研、经营、管理等活动统筹安排，批准实施年度消防工作计划。

（3）为本单位的消防安全提供必要的经费和组织保障。

（4）确定逐级消防安全责任，批准实施消防安全制度和保障消防安全的操作规程。

（5）组织防火检查，督促落实火灾隐患整改，及时处理涉及消防安全的重大问题。

（6）根据消防法规的规定建立专职消防队或微型消防站。

（7）组织制订符合本单位实际的灭火和应急疏散预案，并实施演练。

（二）消防安全管理人的消防安全职责

1. 消防安全管理人的确定。

单位可以根据需要确定本单位的消防安全管理人，组织实施本单位的消防安全管理工作。消防安全管理人一般为单位中有一定领导职务和权限的人员，可以由单位的某位副职担任，也可以单独设置或者聘任，受消防安全责任人委托，具体负责管理单位的消防安全工作。消防安全重点单位一般规模较大，而多数单位的主要负责人不可能事必躬亲，为了消防安全工作切实有人抓，单位应当确定消防安全管理人来具体实施和组织落实本单位的消防安全工作，作为对消防安全责任人制度的必要补充。未确定消防安全管理人的单位，由单位消防安全责任人负责实施消防安全管理。

2. 消防安全管理人的消防安全职责。

消防安全管理人对单位的消防安全责任人负责，实施和组织落实下列消防安全管理工作：

（1）拟定年度消防工作计划，组织实施日常消防安全管理工作。

（2）组织制定消防安全管理制度和保障消防安全的操作规程并检查督促其落实。

（3）拟定消防安全工作的资金投入和组织保障方案。

（4）组织实施防火检查和火灾隐患整改工作。

（5）组织实施对本单位消防设施、灭火器材和消防安全标志的维护保养，确保其完好有效，确保疏散通道和安全出口畅通。

（6）组织管理专职消防队和志愿消防队。

（7）在员工中组织开展消防知识、技能的宣传教育和培训，组织灭火和应急疏散预案的实施和演练。

（8）单位消防安全责任人委托的其他消防安全管理工作。

消防安全管理人应当定期向消防安全责任人报告消防安全情况，及时报告涉及消防安全的重大问题。

三、消防安全重点工种人员的消防安全职责

消防安全重点工种，是指从事具有较大火灾危险性和从事容易引发火灾的操作人员，以及发生火灾后可能由于自身未履行职责或操作不当造成火灾伤亡或火灾损失加大的操作人员，如消防控制室值班人员、消防设施操作人员以及电工、焊工等。

（一）消防控制室值班员的消防安全职责

（1）熟悉和掌握消防控制室设备的功能及操作规程，按照规定测试自动消防设施的功能，保障消防控制室设备的正常运行。

（2）对火警信号应立即确认，火灾确认后应立即报火警并向消防主管人员报告，随即启动灭火和应急疏散预案。

（3）对故障报警信号应及时确认，消防设施故障应及时排除，不能排除的应立即向部门主管人员或消防安全管理人报告。

（4）不间断值守岗位，做好消防控制室的火警、故障和值班记录。

（二）消防设施操作维护人员的消防安全职责

（1）熟悉和掌握消防设施的功能和操作规程。

（2）按照管理制度和操作规程等对消防设施进行检查、维护和保养，保证消防设施和消防电源处于正常运行状态，确保有关阀门处于正确位置。

（3）发现故障应及时排除，不能排除的应及时向上级主管人员报告。

（4）做好运行、操作和故障记录。

（三）保安人员的消防安全职责

（1）按照本单位的管理规定进行防火巡查，并做好记录，发现问题应及时报告。

（2）发现火灾应及时报火警并报告主管人员，协助灭火救援。

（3）劝阻和制止违反消防法规和消防安全管理制度的行为。

（四）电气焊工、电工、易燃易爆化学物品操作人员的消防安全职责

（1）执行有关消防安全制度和操作规程，履行审批手续。

（2）落实相应作业现场的消防安全措施，保障消防安全。

（3）发生火灾后应立即报火警，实施扑救。

（五）仓库保管员的消防安全职责

（1）必须坚守岗位，严格遵守仓库的入库、保管、出库、交接班等各项制度。

（2）禁止在库房内吸烟和使用明火，对外来人员要严格监督，防止将火种和易燃品带入库内。

（3）应熟悉和掌握所存物品的性质，并根据要求进行储存和操作。

（4）进入储存易燃易爆危险物品库房的人员不得穿带钉鞋和化纤衣服，搬动物品时要防止摩擦和碰撞，不得使用能产生火星的工具。

第三节　消防安全管理的内容与方法

消防安全管理，是指消防管理主体依据消防法律规范和规章制度，遵循火灾发生发展的变化规律，运用管理学的理论和方法，通过计划、组织、领导、协调和控制等各种管理手段，对人力、物力、财力、信息和时间等资源做最佳组合，为实现预期的消防安全目标所进行的各种消防活动的总和。

一、消防安全管理的内容

单位开展消防安全管理的主要内容包括：

1. 确定单位的消防安全责任人及各级、各岗位的消防安全责任人，落实逐级消防安全责任制，明确逐级和岗位消防安全职责。

2. 建立健全各项消防安全制度和保障消防安全的操作规程。

3. 开展防火检查和火灾隐患整改工作。

4. 对消防设施与器材进行检验、维护和保养。

5. 建立单位专职消防队、志愿消防队等多种形式的消防组织，开展群众性自防自救工作。

6. 开展消防知识、技能的宣传教育和培训。

7. 制订灭火和应急疏散预案并实施演练。

8. 建立消防档案并进行管理。

二、消防安全管理的方法

消防安全管理的方法，是指单位在实施消防安全管理过程中采用的办法、措施和技术手段的总称。消防安全管理可采用以下方法进行。具体运用哪种方法，取决于消防安全管理事务的性质和发展规律，也取决于特定的环境。

1. 行政方法。

行政方法是指依靠行政机构和领导者的职权，通过强制性的行政命令直接对消防管理对象产生影响，按照行政系统来管理的方法。行政方法一般采用命令、指示、规定、指令性计划等方式，通常和法律方法、宣传教育方法、经济奖励方法等结合起来使用。

2. 法律方法。

法律方法是指运用国家的法律法规等所规定的强制性手段，处理、调解、制裁一切违反消防安全行为的管理方法。法律方法具有极大的权威性和强制性，是发挥管理作用的特殊方式。

3. 宣传教育方法。

宣传教育法是指利用各种信息传播手段，向被管理者传播消防法律法规、方针、政策、任务和消防安全知识及技能，使被管理者树立消防安全的意识和观念，以实现消防安全目标的管理方法。

4. 经济奖惩方法。

经济奖惩方法是指利用经济利益去推动消防管理对象自觉地开展消防安全工作的管理方法。从一定意义上讲，经济奖惩方法就是利用经济利益去推动被管理者自愿做什么、怎么做，以调动被管理者的积极性，把单位的生产安全同单位和员工个人的物质利益相结合。实施时应注意奖励和惩罚并用，幅度应该适宜。经济奖惩方法虽然是管理的一种有效方法，但绝不是一个万能的方法，不可滥用，可与其他管理方法一同使用。

5. 消防安全评价方法。

消防安全评价方法包括以下几种：

（1）安全检查表分析法。安全检查表分析法是一种最通用的定性安全评价方法。该方法是依据相关消防法律规范，对保护对象或场所中已知的危险类别、设计缺陷以及设备、操作、管理有关的潜在危险性和危害性进行判别检查，依据检查项目把找出的不安全因素以问题清单的形式制成表，这种表称为安全检查表。它是进行消防安全检查、发现潜在火灾隐患的一种最简便的基本方法。

（2）因果图分析法。因果图分析法是指用因果分析图分析各种问题产生的原因和由此原因可能导致后果的一种管理方法。因果图分析法可把引起火灾或爆炸事故的错综复杂的因果关系直观地表述出来，用以分析火灾或爆炸事故产生的原因，提出预防的措施。

（3）ABC 分类法。ABC 分类法是以数理统计为基础，把管理对象，按影响因素，或按事物的属性，因素所占比重等，划分为 A、B、C 三个部分，分别给予重点和一般等不同程度的对待和管理，以达到合理利用资源的一种科学管理方法。消防管理运用 ABC 分类法可以进行消防目标管理、消防重点管理，找出火灾发生的主要原因、影响火灾发生的关键因素等。

（4）事故树分析法。事故树分析法是一种从要分析的特定事故或故障的顶上事件开始，层层分析其发生原因，直到找出事故的基本原因为止的方法。利用事故树分析法可以对火灾事故因果关系进行逻辑推理分析，描绘出火灾事故发生的树形模型图。

（5）消防安全评估。消防安全评估是在系统消防安全分析的基础上，对其发生火灾或爆炸危险性大小及危害性大小进行评价。其目的是通过定性分析和定量计算，预测火灾或爆炸事故发生的可能性，提出消防对策，使有关部门能够较为准确地认识其火灾风险，根据评价的结果对系统及其构成要素进行调整，加强薄弱环节，降低火灾风险，在满足经济效益和社会效益的前提条件下，达到最佳的消防安全状态。

6. 现代信息技术方法。

随着大数据、云计算、物联网、地理信息等现代化信息技术的不断发展，"智慧消防"、"智慧防控"、"智慧管理" 为消防管理在理念创新、方法和手段创新等方面注入新的活力。单位可以通过消防智慧管理平台，运用互联网、云计算、物联网等技术实现对消防安全重点部位、消防设施等进行可视图像和感应式报警动态管理，提高单位消防安全防控综合能力。

7. 咨询顾问方法。

咨询顾问方法是指消防安全管理者借助专家顾问的智慧进行分析、论证和决策的管理方法。

8. 舆论监督方法。

舆论监督方法是指针对被管理者的消防安全违法行为，利用各种舆论媒介进行曝光和揭露，制止各种消防安全违法行为，并通过反面教育达到警醒世人的消防安全管理目标的方法。

第四节　单位消防安全组织与制度建设

一、消防安全组织的建立

消防安全组织，是指为了开展单位消防安全工作而设立的机构或部门。根据《消防法》和《机关、团体、企业、事业单位消防安全管理规定》等，单位应当建立以下消防安全组织，如图 3 - 1 所示。

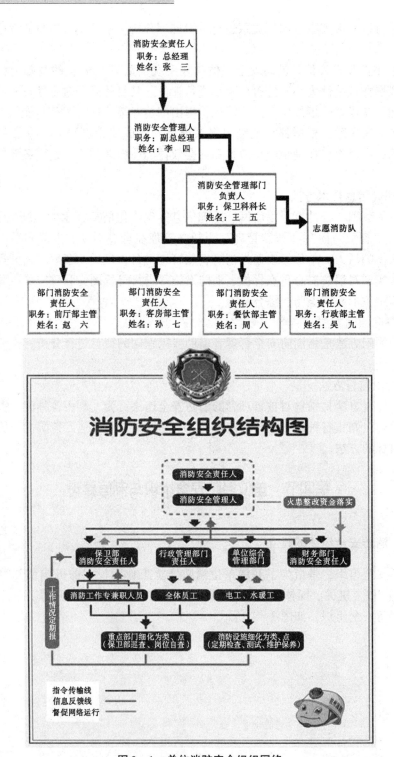

图 3-1　单位消防安全组织网络

（一）消防工作归口管理职能部门

1. 设立原则。

消防安全重点单位应当设置或者确定消防工作的归口管理职能部门，并确定专职或者兼职的消防管理人员；其他单位应当确定专职或者兼职消防管理人员，可以视情况确定消防工作的归口管理职能部门。归口管理职能部门和专（兼）职消防管理人员在消防安全责任人或者消防安全管理人的领导下开展消防安全管理工作。因此，为保障单位消防安全管理工作的落实，单位应结合自身特点与工作实际需要，设置或者确定消防工作的归口管理职能部门。

2. 主要职责。

（1）结合单位实际情况，研究和制订消防工作计划并贯彻实施。定期或不定期向单位消防安全责任人或管理人汇报工作情况。

（2）负责处理单位消防安全责任人或管理人交办的日常工作，发现消防违法行为，及时提出纠正意见，如未采纳，可向单位消防安全责任人或管理人报告。

（3）推行逐级消防安全责任制和岗位消防安全责任制，贯彻执行国家消防法规和单位的各项规章制度。

（4）严格用火、用电、用气管理，执行审批动火申请制度，安排专人现场进行监督和指导。

（5）开展经常性的消防教育，普及消防常识，组织和训练专职及志愿消防队。

（6）进行防火检查，指导各部门搞好火灾隐患整改工作。

（7）负责消防设施器材的管理、检查、维修及使用。

（8）协助领导和有关部门处理单位发生的火灾事故，定期分析单位消防安全形势。

（9）建立健全消防档案。

（二）专职消防队

专职消防队是指由专职灭火人员组成，有固定消防站用房，配备消防车辆、装备、通信器材，定期组织消防训练，能够每日24h备勤的消防组织。

1. 建立原则。

下列单位应当建立单位专职消防队。

（1）大型核设施单位、大型发电厂、民用机场、主要港口。

（2）生产、储存易燃易爆危险品的大型企业。

（3）储备可燃的重要物资的大型仓库、基地。

（4）火灾危险性较大、距离公安消防队较远的其他大型企业。

（5）距离公安消防队较远、被列为全国重点文物保护单位的古建筑群的管理单位。

2. 主要职责。

单位专职消防队主要职责是承担本单位的火灾扑救工作。此外，根据扑救火灾的需要，接受公安机关消防机构调动指挥，参加其他单位的火灾扑救工作。

3. 建设要求。

专职消防队的建立应参照《城市消防站建设标准》，并按照当地公安机关消防机构的要求，配齐装备、配强人员。建设完成后，按照程序报请当地公安机关消防机构对营房设施、车辆配备、人员编配、训练场地和器材进行验收，以保证具有一定的战斗力。

专职消防队应参照《公安消防部队执勤战斗条令》等国家有关规定，组织实施专业技能训练，配备并维护保养装备器材，提高火灾扑救和应急救援的能力。

（三）志愿消防队

志愿消防队是指主要由志愿人员组成，有固定消防站用房，且配备有消防车辆、装备、通信器材的消防组织。志愿人员有自己的职业和岗位，在接到火警出动信息后参加灭火救援。

1. 建立原则。

机关、团体、企业、事业等单位以及村民委员会、居民委员会应根据需要，建立志愿消防队等多种形式的消防组织。另外，根据《关于积极促进志愿消防队伍发展的指导意见》的要求，火灾高危单位和其他人员密集、性质重要的消防安全重点单位应全面建立志愿消防队。

2. 组建要求。

志愿消防队由单位消防工作归口管理职能部门直接领导和管理，其负责人担任志愿消防队队长，各部门选择合适的员工作为志愿消防队员。另外，应结合单位实际，配备相应的消防器材和个人防护装备，以满足防火巡查、消防宣传教育和扑救初起火灾的需要。

3. 主要职责。

志愿消防队主要职责是扑救初起火灾、进行消防宣传教育培训和开展防火巡查。

4. 日常管理。

（1）日常运转。将志愿消防队人员分别编为通信联络、灭火行动、疏散引导、安全救护、现场警戒5个组，确定岗位工作班次（一般分为3个班次进行轮转）。

（2）培训与演练。每半年至少对志愿消防队员进行一次培训，培训内容包括防火巡查及初起火灾处置方法；按照单位消防预案，每半年开展一次消防演练，使其明确各自在火灾处置中的工作职责。

（四）微型消防站

微型消防站是单位、社区组建的有人员、有装备，具备扑救初起火灾能力的志愿消防队。微型消防站主要承担所在单位（社区）的初起火灾扑救、防火巡查、消防宣传教育培训任务，同时还接受公安机关消防机构的调度，协助扑救其周边区域的初起火灾。微型消防站对于完善城市灭火救援体系，提升火灾防控和应急处置能力具有十分重要的现实意义。

1. 建立原则。

除按照消防法规须建立专职消防队的消防安全重点单位外，其他设有消防控制室的消防安全重点单位，以救早、灭小和"3min 到场"扑救初起火灾为目标，依托单位志愿消防队伍，配备必要的消防器材，建立微型消防站。合用消防控制室的消防安全重点单位，可联合建立微型消防站。

2. 站房器材配置。

微型消防站的站房器材，应按以下要求进行配置。

（1）微型消防站应设置人员值守、器材存放等用房，可与消防控制室合用。有条件的，可单独设置，如图 3 - 2 所示。

图 3 - 2　微型消防站的站房器材

（2）微型消防站应根据扑救初起火灾需要，配备一定数量的灭火器、水枪、水带等灭火器材，配置外线电话、手持对讲机等通信器材。有条件的站点可选配消防头盔、灭火防护服、防护靴、破拆工具等器材。

（3）微型消防站应在建筑物内部和避难层设置消防器材存放点，可根据需要在建筑之间分区域设置消防器材存放点。

（4）有条件的微型消防站可根据实际选配消防车辆。

3. 人员配备。

（1）微型消防站人员配备不少于6人。

（2）微型消防站应设站长、副站长、消防员、控制室值班员等岗位，配有消防车辆的微型消防站应设驾驶员岗位。

（3）站长应由单位消防安全管理人兼任，消防员负责防火巡查和初起火灾扑救工作。

（4）微型消防站人员应当接受岗前培训，培训内容包括扑救初起火灾业务技能、防火巡查基本知识等。

4. 岗位职责。

（1）站长负责微型消防站日常管理，组织制订各项管理制度和灭火应急预案，开展防火巡查、消防宣传教育和灭火训练，指挥初起火灾扑救和人员疏散。

（2）消防员负责扑救初起火灾，参加日常防火巡查和消防宣传教育。

（3）控制室值班员应熟悉灭火应急处置程序，熟练掌握自动消防设施操作方法，接到火情信息后启动预案。

5. 值守联动要求。

（1）微型消防站应建立值守制度，确保值守人员 24h 在岗在位，做好应急准备。

（2）接到火警信息后，控制室值班员应迅速核实火情，启动灭火处置程序。消防员应按照"3min 到场"要求及时赶赴现场处置。

（3）微型消防站应纳入当地灭火救援联勤联动体系，参与周边区域灭火处置工作。

6. 管理与训练。

微型消防站建成后，为保证其具有战斗力，应从以下方面进行管理和训练：

（1）消防安全重点单位的微型消防站建成后，应当向辖区公安机关消防机构备案。

（2）微型消防站应制定并落实岗位培训、队伍管理、防火巡查、值守联动、考核评价等管理制度。

（3）微型消防站应组织开展日常业务训练，不断提高扑救初起火灾的能力。训练内容包括体能训练、灭火器材和个人防护器材的使用等。

二、消防安全制度建设

消防安全制度，是社会单位在生产经营活动中为保障消防安全所制定的各项管理制度、操作规程、办法、措施和行为准则等，通常以文字形式明示。它是单位全体员工做好消防工作必须遵守的规范和准则。建立消防安全制度是单位消防安全管理的基本措施，是单位落实消防安全责任制的必要保证。

（一）消防安全制度的种类和主要内容

消防安全制度分为消防安全责任制度、消防安全管理制度和消防安全操作规程三大类。由于单位所有制和经营方式各异，因此，每个单位制定的消防安全制度的具体内容，可根据单位消防安全管理需要适当增减，既可以制定若干不同方面的消防安全制度，也可以制定一个综合性的消防安全制度，但内容应当涵盖单位消防安全管理工作的基本方面，并随着情况的变化及时更新，以确保单位各项消防安全工作的有效开展。

1. 消防安全责任制度。

消防安全责任制度就是要求机关、团体、企业、事业单位和个人，在生产、生活过程中依照有关法律规定，对消防安全工作各负其责的责任制度。习近平总书记作过许多关于安全生产的重要指示，其中一条是：落实消防安全生产责任制，坚持管行业必须管安全、管业务必须管安全、管生产必须管安全，且要党政同责、一岗双责、齐抓共管。

消防安全责任制度包括以下两大类：

（1）单位消防安全责任制度。单位消防安全责任制度的主要内容包括：单位普遍履行的消防安全一般职责；消防安全重点单位的职责；承包、租赁或委托经营时单位的消防安全职责；多产权建筑物中各单位的消防安全职责；举办大型活动时单位的消防安全职责。

（2）单位逐级及各类人员岗位消防安全责任制度。单位逐级及各类人员岗位消防安全责任制度的主要内容包括：单位消防安全责任人职责；单位消防安全管理人职责；消防安全归口管理部门的消防安全职责、专（兼）职消防管理人员职责；自动消防系统操作人员职责；专职消防队员职责；志愿消防队员职责；微型消防站人员职责等。

2. 消防安全管理制度。

消防安全管理制度是单位在消防安全管理和生产经营活动中，为保障消防安全所制定的具体制度、程序、办法和措施，是对消防安全责任制的细化，是国家消防法律法规在单位内的延伸和具体化。该类制度，通常又包括以下若干项制度（如图3－3所示）：

图 3 - 3 消防安全管理制度

（1）消防安全教育、培训制度。该项制度主要内容包括：消防安全教育与培训的责任部门、责任人及职责，教育与培训频次、培训对象（包括特殊工种及新员工）、培训形式、培训要求、培训内容、培训组织程序，考核办法、情况记录等。

（2）消防（控制室）值班制度。该项制度主要内容包括：消防控制室值班责任部门、责任人以及操作人员的职责，值班操作人员岗位资格、值班制度及值班人数，消防控制设备操作规程，突发事件处置程序、报告程序、工作交接、情况记录等。

（3）防火巡查、检查制度。该项制度主要内容包括：防火巡查与检查的责任部门、责任人及职责，检查时间、频次和参加人员，检查部位、内容和方法，违法行为和火灾隐患处理、报告程序、整改责任和防范措施、防火检查情况记录管理等。

（4）火灾隐患整改制度。该项制度主要内容包括：火灾隐患整改的责任部门及责任人，火灾隐患认定、处理和报告程序，火灾隐患整改期间安全防范措施、火灾隐患整改的期限和程序、整改合格的标准，所需经费保障等。

（5）安全疏散设施管理制度。该项制度主要内容包括：安全疏散设施管理责任部门、责任人及职责，安全疏散部位、设施检测和管理要求、情况记录等。

（6）消防设施、器材维护管理制度。该项制度主要内容包括：消防设施与器材的维护管理责任部门、责任人及职责，消防设施与器材的登记、维护保养及维修检查要求、管理方法，每日检查、月（季）度试验检查和年度检查内容和方法，建筑消防设施定期维护保养报告备案、检查记录管理等。

（7）用火、用电安全管理制度。该项制度主要内容包括：安全用火、用电管理责任部门、责任人，定期检查制度，用火、用电审批范围、程序和要求，操作人员岗位资格及其职责要求，违规惩处措施、情况记录等。

（8）燃气和电气设备的检查与管理（包括防雷、防静电）制度。该项制度主要内容包括：燃气和电气设备以及防雷、防静电的检查与管理的责任部门和责任人，检查的内容和方法、频次，检查中发现的隐患、落实整改措施，检查管理情况记录等。

（9）易燃易爆危险物品和场所防火防爆管理制度。该项制度主要内容包括：易燃易爆危险物品和场所防火防爆管理的责任部门、责任人及职责，易燃易爆危险物品的火灾危险性、储存方法和储存数量，防火防爆措施和灭火方法，特殊环境安全防范，危险物品的出入库登记及使用要求等。

（10）专职、志愿消防队和微型消防站的组织管理制度。该项制度主要内容包括：专职、志愿消防队和微型消防站的责任部门、责任人及职责，专职、志愿消防队和微型消防站的人员组成及其职责，专职、志愿消防队和微型消防站的人员调整、归口管理，器材配置与维护管理，有关人员培训内容、频次、实施方法和要求，组织训练、演练考核方法，奖惩措施等。

（11）灭火和应急疏散预案演练制度。该项制度主要内容包括：单位灭火和应急疏散预案编制与演练的责任部门和责任人，预案制订、修改、审批程序，组织分工，演练范围、演练频次、演练程序、注意事项、演练情况记录、演练后的总结与评估等。

（12）消防安全工作考评和奖惩制度。该项制度主要内容包括：消防安全工作考评和奖惩实施的责任部门和责任人，考评目标、频次，考评内容、考评方法、奖惩措施等。

3. 消防安全操作规程。

消防安全操作规程是单位特定岗位和工种人员必须遵守的、符合消防安全要求的各种操作方法和操作程序的总称。主要包括以下种类：

(1) 消防设施操作规程。该项规程主要内容包括：岗位人员应具备的资格，消防设施的操作方法和程序、检修要求，容易发生的问题及处置方法，操作注意事项等。

(2) 变配电设备操作规程。该项规程主要内容包括：岗位人员应具备的资格，设备的操作方法和程序、检修要求，容易发生的问题及处置方法，操作注意事项等。

(3) 电气线路安装操作规程。该项规程主要内容包括：岗位人员应具备的资格，电气线路安装操作方法和程序、检修要求，容易发生的问题及处置方法，操作注意事项等。

(4) 设备安装操作规程。该项规程主要内容包括：岗位人员应具备的资格，设备安装操作方法和程序、检修要求，容易发生的问题及处置方法，操作注意事项等。

(5) 燃油、燃气设备及压力容器使用操作规程。该项规程主要内容包括：岗位人员应具备的资格，设施、设备的操作方法和程序、检修要求，容易发生的问题及处置方法，操作注意事项等。

(6) 电焊、气焊操作规程。该项规程主要内容包括：岗位人员应具备的资格，设施、设备的操作方法和程序、检修要求，容易发生的问题及处置方法，操作注意事项等。

(二) 消防安全制度的制定要求

单位消防安全制度的制定应满足以下要求：

1. 立足单位实际，符合客观需要。

单位应根据法律法规对消防安全管理制度的种类和内容要求，立足本单位消防安全工作的实际，符合本单位的客观需要，制定相应的消防安全管理制度，防止照搬照抄、千篇一律和模式化。

2. 便于操作，具有针对性。

制定消防安全制度要广泛吸取同行业和本单位消防安全管理中的经验教训，结合消防安全工作需要确定各项消防安全制度的具体要求，从而增强消防安全制度的针对性和可操作性，使其成为单位全体人员共同遵守的行为准则。

3. 依法依规，规范建制。

单位制定消防安全制度时，应当以国家有关消防法律法规为依据，结合单位生产、经营等各项活动和环节，将其进行细化、规范化和标准化，促进单位各岗位消防安全工作向规范化、制度化和标准化迈进。

4. 量化标准，方便奖惩考核。

消防安全制度要有一定的定量指标和量化标准，以方便考核。要结合防火巡查、检查等工作，加强对各项消防安全制度落实和执行情况的检查，将检查结果与部门、个人的利益挂钩，严格考核奖惩。通过考核，树立消防安全制度的权威性，增强执行消防安全制度的自觉性和严肃性，从而将单位各项消防安全制度落到实处，切实做到"安全自管、隐患自除、责任自负"。

第五节　消防安全重点管理

消防安全重点管理就是在消防工作中按照"抓住重点、兼顾一般"的原则，把有限的消防安全管理资源应用于控制火灾发生或减少火灾危害的关键环节，从而提高消防安全管理效能的一种管理思路。其管理的重点对象是消防安全重点单位、火灾高危单位、重点部位和重点工种人员。

一、消防安全重点单位管理

消防安全重点单位，是指发生火灾可能性较大以及发生火灾可能造成重大的人身伤亡或者重大财产损失的单位。考虑到社会单位的性质和构成不同，发生火灾的危险性和危害性有较大的差别，因此，为有效预防群死群伤等恶性火灾事故的发生，在消防安全管理中将某些单位列为消防安全重点单位，并提出了比一般单位更为严格的消防安全管理要求，实行严格管理、严格监督，这是我国消防工作多年来形成的基本经验和行之有效的管理方法，这种方法对于预防重、特大火灾事故和减少火灾损失具有重要作用。

（一）消防安全重点单位的界定标准

《机关、团体、企业、事业单位消防安全管理规定》（公安部令第 61 号）规定了十二个方面为消防安全重点单位。实践中，为了正确实施公安部令第 61 号，公安部关于实施《机关、团体、企业、事业单位消防安全管理规定》有关问题的通知（公通字〔2001〕97 号）中对消防安全重点单位进一步作了科学、准确的细化和界定：

1. 商场（市场）、宾馆（饭店）、体育场（馆）、会堂、公共娱乐场所等公众聚集场所。

（1）建筑面积在 1000m² （含本数，下同）以上且经营可燃商品的商场（商店、市场）。

（2）客房数在 50 间以上的宾馆（旅馆、饭店）。

（3）公共的体育场（馆）、会堂。

（4）建筑面积在 200m² 以上的公共娱乐场所。

2. 医院、养老院和寄宿制的学校、托儿所、幼儿园。

（1）住院床位在 50 张以上的医院。

（2）老人住宿床位在 50 张以上的养老院。

（3）学生住宿床位在 100 张以上的学校。

（4）幼儿住宿床位在 50 张以上的托儿所、幼儿园。

3. 国家机关。

（1）县级以上的党委、人大、政府、政协。

（2）县级以上的人民检察院、人民法院。

（3）中央和国务院各部委。

（4）共青团中央、全国总工会、全国妇联的办事机关。

4. 广播、电视和邮政、通信枢纽。

（1）广播电台、电视台。

（2）城镇的邮政和通信枢纽单位。

5. 客运车站、码头、民用机场。

（1）候车厅、候船厅的建筑面积在 500m² 以上的客运车站和客运码头。

（2）民用机场。

6. 公共图书馆、展览馆、博物馆、档案馆以及具有火灾危险性的文物保护单位。

（1）建筑面积在 2000m² 以上的公共图书馆、展览馆。

（2）博物馆、档案馆。

（3）具有火灾危险性的县级以上文物保护单位。

7. 发电厂（站）和电网经营企业。

发电厂是指水电站、火力发电厂、核电站、风能电厂等；电网经营企业一般指电业局、供电局、电力公司、供电公司等供电单位。

8. 易燃易爆化学物品的生产、充装、储存、供应、销售单位。

（1）生产易燃易爆化学物品的工厂。

（2）易燃易爆气体和液体的灌装站、调压站。

（3）储存易燃易爆化学物品的专用仓库（堆场、储罐场所）。

（4）易燃易爆化学物品的专业运输单位。

（5）营业性汽车加油站、加气站，液化石油气供应站（换瓶站）。

（6）经营易燃易爆化学物品的化工商店（其界定标准，以及其他需要界定的易燃易爆化学物品性质的单位及其标准，由省级公安机关消防机构根据实际情况确定）。

（7）经营管道燃气（含天然气、油制气、水煤气、液化石油气等）的单位。

9. 服装、制鞋等劳动密集型生产、加工企业。

生产车间员工在 100 人以上的服装、鞋帽、玩具等劳动密集型企业。

10. 重要的科研单位。

界定标准由省级公安机关消防机构根据实际情况确定。

11. 高层公共建筑，地下铁道，地下观光隧道，粮、棉、木材、百货等物资仓库和堆场，重点工程的施工现场。

（1）高层公共建筑的办公楼（写字楼）、公寓楼等。

（2）城市地下铁道、地下观光隧道等地下公共建筑和城市重要的交通隧道。

（3）国家储备粮库、总储量在 1 万 t 以上的其他粮库。

（4）总储量在 500t 以上的棉库。

（5）总储量在 1 万 m³ 以上的木材堆场。

（6）总储存价值在 1 千万元以上的可燃物品仓库、堆场。

（7）国家和省级等重点工程的施工现场。

12. 其他发生火灾可能性较大以及一旦发生火灾可能造成重大人身伤亡或者财产损失的单位。

各省（自治区、直辖市）结合当地实际，在上述界定标准的基础上，确定了本地区消防安全重点单位界定的具体标准。因此，确定时还应结合所在地消防安全重点单位的界定标准进行确定。

（二）消防安全重点单位的界定程序

县级以上地方人民政府、公安机关消防机构应当将发生火灾可能性较大以及发生火灾可能造成重大的人身伤亡或者财产损失的单位，确定为本行政区域内的消防安全重点单位，并由公安机关报本级人民政府备案。消防安全重点单位的界定程序通常包括申报、核定、告知、公告、备案等步骤。

（三）消防安全重点单位管理的内容及要求

消防安全重点单位管理的内容及要求概括起来包括以下方面：

1. 确定消防安全责任人、消防安全管理人。

2. 建立消防安全管理组织。

3. 落实消防安全责任制，制定本单位的消防安全制度和消防安全操作规程。

4. 配置消防设施器材，设置消防安全标志，并定期组织检测、维修，确保完好有效。

5. 确定消防安全重点部位，设置防火标志，实行严格管理。

6. 实行每日防火巡查，保障疏散通道、安全出口、消防车通道畅通，保证防火防烟分区、防火间距符合消防技术标准，并建立巡查记录。

7. 定期组织防火检查，及时消除和整改火灾隐患。

8. 组织对员工进行消防安全宣传教育与培训。

9. 制订灭火和应急疏散预案，并定期组织进行有针对性的消防演练。

10. 根据需要建立微型消防站，积极参与消防安全区域联防联控，提高自防自救能力。

11. 建立健全消防档案。

12. 法律、法规规定的其他消防安全管理事项。

二、火灾高危单位管理

（一）火灾高危单位的界定

根据公安部消防局印发的《火灾高危单位消防安全评估导则（试行）》（公消〔2013〕60号），将容易造成群死群伤火灾的下列单位确定为火灾高危单位：

1. 在本地区具有较大规模的人员密集场所。

2. 在本地区具有一定规模的生产、储存、经营易燃易爆危险品场所单位。

3. 火灾荷载较大、人员较密集的高层、地下公共建筑以及地下交通工程。

4. 采用木结构或砖木结构的全国重点文物保护工作。

5. 其他容易发生火灾且一旦发生火灾可能造成重大人身伤亡或者财产损失的单位。

各省（自治区、直辖市）针对自身消防安全形势的不同，其场所界定有所区别。火灾高危单位的具体界定标准由省级公安机关消防机构结合本地实际确定，并报省级人民政府公布。

（二）火灾高危单位的管理

火灾高危单位应认真履行《消防安全责任制实施办法》规定的消防安全职责，严格落实消防安全责任，实行规范化管理，加强源头管控，推动人防物防技防结合，每年应按《火灾高危单位消防安全评估导则（试行）》的要求对本单位消防安全情况进行一次评估，弥补火灾防控短板，提升防控标准。

三、消防安全重点部位管理

消防安全重点部位，是指容易发生火灾且一旦发生火灾可能严重危及人身和财产安全，以及对消防安全有重大影响的部位。一个单位的各个建筑或一个建筑的各个部位，其火灾危险性不尽相同，因此，单位应当将容易发生火灾、一旦发生火灾可能严重危及人身和财产安全以及对消防安全有重大影响的部位确定为消防安全重点部位，设置明显的防火标志，实行严格管理。

（一）消防安全重点部位的确定

单位在确定消防安全重点部位时，应结合本单位的实际，根据火灾危险源、物品储存数量、价值大小、人员集中程度和火灾危险程度等情况综合而定，通常应考虑：

1. 容易发生火灾的部位。

容易发生火灾的部位主要是指火灾危险性较大，或发生火灾危害性大，以及发生火灾后影响人员安全疏散等部位。例如，化工生产车间、油漆、烘烤、熬炼、电焊气割操作间；化验室、汽车库、化学危险品仓库、化学实验室；储油间，易燃、可燃液体储罐，可燃、助燃气体钢瓶仓库和储罐，液化石油气瓶或储罐；氧气站、乙炔站、氢气站；易燃的建筑群、餐饮单位的操作间，电影院的放映室，歌舞娱乐场所的舞台等部位。

2. 发生火灾后对消防安全有重大影响的部位。

例如，单位的消防控制室、消防水泵房、消防电梯机房等部位。

3. 性质重要、发生事故影响全局的部位。

例如，单位的发电站、变配电站（室）、锅炉房、厨房、空调机房、通信设备机房、生产总控制室、电子计算机房、档案室、图书资料室和重要历史文献收藏室等。

4. 物资集中，发生火灾造成财产损失大的部位。

例如，储存大量原料、成品的仓库、货场，生产企业的油罐区、储存易燃易爆物品仓库，使用或存放先进技术设备的实验室、车间、仓库等。

5. 人员集中、发生火灾造成人员伤亡大的部位。

例如，人员集中的厅（室）、单位内部的礼堂（俱乐部）、托儿所、集体宿舍、医院病房等人员密集场所。

（二）消防安全重点部位的管理

消防安全重点部位确定以后，应设置防火标志，明确消防安全管理的责任部门和责任人，根据实际需要应配备相应的灭火器材和个人防护装备，制定和完善事故应急处置操作程序，并应列入防火巡查、检查范围，作为检查的重点，实行严格管理。

1. 立牌管理。

为了突出重点，明确责任，严格管理，每个消防安全重点部位都必须设置明显的防火标志，悬挂"消防重点部位"指示牌，张贴有关禁止和警告标志，实施立牌管理。

2. 制度管理。

消防安全重点部位应建立岗位消防安全责任制，并根据各消防安全重点部位的性质、特点和火灾危险性，制定相应的消防安全管理制度，用制度管理。

3. 教育管理。

单位应对消防安全重点部位人员进行经常性的消防安全教育培训和考核，使重点部位员工懂场所的火灾危险性、懂预防火灾的措施、懂扑救火灾的方法，会打"119"报警、会使用灭火器材扑救初起火灾、会组织人员安全疏散、会开展日常消防安全教育，使其提高自防自救的能力。

4. 日常管理。

开展防火巡查、检查是重点部位日常管理的一个重要环节，其目的在于发现和消除不安全因素和火灾隐患，把火灾事故消灭在萌芽状态，做到防患于未然。防火巡查、检查可采取单位组织每月查、所属部门每周查、班组每天查、专职消防员巡回查、部门之间互抽查、节日期间重点查的"六查"制以及检查与宣传相结合、检查与整改相结合、检查与复查相结合、检查与记录相结合、检查与考核相结合、检查与奖惩相结合的"六结合"制，使防火巡查、检查落到实处。

5. 应急备战管理。

应急备战管理是贯彻"防消结合"方针的具体体现。因此，平时单位应根据消防安全重点部位生产、储存、使用物品的性质、火灾特点及危险程度，配置相应的消防设施、器材，制订相应的灭火和应急疏散预案，并组织管理人员及志愿消防人员结合实际开展演练，做好应对火灾事故的各项准备。

四、消防安全重点工种管理

美国著名安全工程师海因里希的研究表明，事故发生有80%以上是由人的不安全行为引起的，有10%是物的不安全状态导致的。避免事故发生的关键是防止人的不安全行为，或物的不安全状态，只有这样才能使事故得到预防和控制。因此，在单位消防安全管理中，加强对重点工种和重要岗位人员的消防安全管理，是防止和减少火灾的又一项重要措施。

1. 实行持证上岗制度。

单位从事消防设施操作人员、消防控制室值班人员以及电工、焊工、锅炉工等具有火灾危险作业的人员必须持证方能上岗，并遵守消防安全操作规程。

2. 制定和落实岗位消防安全管理制度。

建立岗位消防安全责任制和消防安全操作规程，目的是使每名重点工种岗位的人员都有明确的职责，掌握操作规程，树立消防安全责任意识和职业风险意识。

3. 加强日常管理。

制订切实可行的学习、训练和考核计划，定期组织重点工种人员进行技术培训和消防知识学习，使岗位责任制同经济责任制相结合，与奖惩挂钩。

4. 建立人员档案。

建立重点工种人员的个人档案，其内容既应有人事方面的，又应有安全技术方面的。通过人事概况以及事故等方面的记载，是对该类人员进行全面了解和考察的一种重要管理方法。

【案例】2014年12月15日零时26分，河南省新乡市长垣县一歌厅发生重大火灾事故。火灾的直接原因是该歌厅吧台内使用的硅晶电热膜对流式电暖器，近距离高温烘烤违规大量放置的具有易燃易爆危险性的罐装空气清新剂，导致空气清新剂爆炸燃烧。该歌厅作为公共娱乐场所，在吧台处放置了具有易燃易爆危险化学品属性的空气清新剂，属违法行为。火灾现场提取的空气清新剂外观英文标志储存温度不得高于49℃，而通过现场实验，电暖器的散热板最高温度可达235.2℃，贴邻电暖器防护网的瓦楞纸板背面温度最高可达99℃。歌厅管理人员及员工缺乏对空气清新剂化学危险性的认知，将其靠近电暖器放置，直接导致了空气清新剂的爆炸燃烧。发现起火后，在场值班人员尹某、孔某等人未能立即采取有效施救措施，仅用脚踹、脚踩起火物和少量水泼洒方式灭火，未能有效控制火势。1min内接连发生多次爆炸燃烧，火势迅速蔓延，燃烧产生的热烟气扩散至一层其他区域并沿楼梯间迅速向上层区域扩散，过火面积123m²，火灾造成12人死亡，28人受伤，直接经济损失957.64万元。

五、火源消防安全管理

单位生产经营活动和员工的生活，不可避免地要用火、动火。然而，由于单位用火、动火管理不善而造成火灾事故时有发生，因此，单位应建立用火、动火安全管理制度，明确用火、动火管理的责任部门和责任人，用火、动火的审批范围、程序和要求以及电、气焊工的岗位资格及其职责要求等内容。

1. 禁止在具有火灾、爆炸危险的场所吸烟、使用明火。因施工、保养、修理等特殊情况需要进行电、气焊等明火作业的，动火部门和人员应当按照单位的用火管理制度办理动火审批手续，制订动火作业方案，疏散无关人员，清除易燃可燃物，配置灭火器材，落实现场监护人和安全措施，在确认无火灾、爆炸危险后方可动火施工。动火施工人员应当遵守消防安全规定，并落实相应的消防安全措施。作业完毕后，应清理作业现场，熄灭余火和飞溅的火星，并及时切断电源。

2. 公众聚集场所或者两个以上单位共同使用的建筑物局部施工需要使用明火时，施工单位和使用单位应当共同采取措施，将需要动火施工的区域与使用、营业区之间进行防火分隔，清除动火区域的易燃、可燃物，配置消防器材，专人监护，保证施工及使用范围的消防安全。

3. 公众聚集场所禁止在营业时间进行动火施工；公众聚集的室内场所严禁燃放烟花、焰火，不得进行以喷火为内容的表演。

4. 演出、放映场所需要使用明火效果时，应落实相关的防火措施。

5. 人员密集场所不应使用明火照明或取暖，如特殊情况需要时应有专人看护。

6. 炉火、烟道等取暖设施与可燃物之间应采取防火隔热措施。

7. 旅馆、餐饮场所、医院、学校等厨房的烟道应至少每季度清洗一次。

8. 厨房燃油、燃气管道应经常检查、检测和保养。

【案例】2008年11月11日济南奥体中心体育馆屋顶东南侧发生火灾，过火面积1284m²。经火灾现场勘验和调查，认定火灾原因是施工人员在屋面天沟防水工程施工时，使用汽油喷灯热熔防水卷材，高温火焰引燃可燃物。其火灾事故背后的深层原因：一是工程总承包单位未认真履行安全生产主体责任，安全意识淡薄，安全生产法规制度严重不落实；二是监理单位未尽到法定监理责任，监理人员责任心不强，未按照巡视、平行、旁站方式对重点部位的施工实施监理。这是一起典型的施工人员违章作业、监理人员失位、施工单位管理不到位造成的责任事故。

六、用电防火安全管理

据公安部消防局统计显示，2011~2016年，我国共发生电气火灾52.4万起。

因此，为预防电气火灾的发生，单位生产经营等活动中应按以下要求加强用电防火安全管理：

1. 建立用电消防安全管理制度，并应明确下列内容：用电防火安全管理的责任部门、责任人及职责，电气设备的采购制度，电气设备的安全使用制度，电气设备的检查内容和要求。

2. 采购电器设备，应选用合格产品，并应当符合消防安全的要求。

3. 电气线路敷设、电气设备安装和维修应由具备职业资格的电工操作。

4. 电气线路敷设、电气设备安装必须符合消防技术标准和管理规定。

5. 电器设备的高温部位靠近可燃物时应采取隔热、散热等防火保护措施。

6. 不得随意乱接电线、擅自增加用电设备。

7. 对电气线路、设备应定期检查、检测，严禁长时间超负荷运行。

8. 当电气线路发生故障时，应及时检查维修，排除故障后方可继续使用。

9. 电器设备周围应与可燃物保持 0.5m 以上的间距。

10. 公众聚集场所营业结束时，应切断营业场所的非必要电源。

【案例】2015 年 5 月 25 日 19 时 30 分许，河南省平顶山市鲁山县一老年公寓发生特别重大火灾事故，造成 39 人死亡、6 人受伤，过火面积 745.8m²，直接经济损失 2064.5 万元。这起火灾发生的直接原因是该老年公寓不能自理区西北角房间西墙及其对应吊顶内，给电视机供电的电器线路接触不良发热，高温引燃周围的电线绝缘层、聚苯乙烯泡沫、吊顶木龙骨等易燃可燃材料。

七、易燃易爆危险品及其场所消防安全管理

易燃易爆危险品具有较大的火灾危险性和破坏性，如果在生产、使用、经营、储存和运输过程中不严加管理，稍有不慎，极易导致火灾、爆炸事故。因此，任何单位和个人未经审批，不得生产、储存、经营、使用易燃易爆危险品，严禁生产、储存、经营、使用国家明令禁止的危险化学品。

1. 场所设置要求。

生产、储存、装卸易燃易爆危险品的工厂、仓库和专用车站、码头的设置，应当符合消防技术标准。易燃易爆气体和液体的充装站、供应站、调压站，应当设置在符合消防安全要求的位置，并符合防火防爆要求。

已经设置的生产、储存、装卸易燃易爆危险品的工厂、仓库和专用车站、码头，易燃易爆气体和液体的充装站、供应站、调压站，不符合前款规定的，地方人民政府应当组织、协调有关部门、单位限期解决，消除安全隐患。

2. 落实消防安全责任制。

易燃易爆危险品单位的主要负责人必须保证本单位易燃易爆危险品的安全管理符合有关法律、法规、规章的规定和国家标准的要求，并对本单位易燃易爆危险品的安全负责。各级领导对各自分管区域的消防安全负责，员工对岗位消防安全

负责。

3. 安全设施设置要求。

（1）场所必须按照有关规范安装防雷保护设施，并定期检测。

（2）生产设备与装置必须按国家有关规定设置消防安全设施，并定期保养、校验；易产生静电的生产设备与装置，必须按规定设置静电导除设施，并定期进行检查。

（3）根据物品的种类、性能、生产工艺及规模，应设置相应的防火、防爆、防毒监测及报警、降温、防潮、通风、防腐、防渗漏、隔离操作等安全设施，其设计应当符合国家消防技术规范要求。对闪点、自燃点极低，爆炸下限很低、范围很宽的易燃易爆危险品，还应设有自动联锁、泄漏消除、紧急救护、自动灭火等设施和救护器具。

4. 电气设备要求。

（1）易燃易爆场所的电气设备必须符合国家电气防爆标准，电器设备必须由持合格证的电工进行安装、检查和维修保养。

（2）仓库内不准设置移动式照明灯具，照明灯具下方不准堆放物品；库房内敷设的配电线路，必须穿金属管或难燃塑料管保护。每个库房应当在库房外单独安装开关箱，保管人员离库时必须拉闸断电。

5. 火源、车辆管理要求。

（1）进入生产、储存易燃易爆危险品的场所，必须执行国家有关消防安全的规定。

（2）禁止携带火种进入生产、储存易燃易爆危险品的场所，严禁在易燃易爆危险品储存、经营场所的建筑物内部和外部动火，必须动火时应按动火审批手续进行，并办理动火证。

（3）汽车、拖拉机不准进入易燃易爆危险品储存、经营场所，允许进入的车辆应安装排气管火星熄灭器。进入场所内的电瓶车、铲车必须是防爆型的。各种机动车辆装卸物品后，不准在库区、库房、货场内停放或修理。

（4）严禁在储存、经营场所内或危险物品堆垛附近进行试验、包装、打包和其他可能引起火灾的任何不安全操作。

（5）改装或封焊修理必须在专门的单独房间内进行。

（6）装卸易燃易爆危险品时，操作人员不得穿戴易产生静电的工作服、帽和使用易产生火花的工具，严防震动、撞击、重压、摩擦和倒置。进出货物后，对遗留或散落在操作现场的危险物品要及时清扫和处理。

6. 从业人员的要求。

从事生产、经营、储存、运输、使用或处置易燃易爆危险品的人员，必须接受有关法律、法规、规章和安全知识、专业技术、应急救援知识等方面的培训，经考核合格方可上岗作业。

7. 其他要求。

（1）建立健全易燃易爆化学品生产的各项制度和操作规程。

（2）应当设置明显的安全警示标志。

（3）易燃易爆危险品场所应采取通风措施，保证通风良好。

（4）易燃易爆危险品场所严禁人员住宿。

（5）人员密集场所严禁生产、储存易燃易爆危险品。

（6）制订灭火疏散预案并定期演练。

八、人员密集场所消防安全管理

人员密集场所，是指公众聚集场所，医院的门诊楼、病房楼，学校的教学楼、图书馆、食堂和集体宿舍，养老院，福利院，托儿所，幼儿园，公共图书馆的阅览室，公共展览馆、博物馆的展示厅，劳动密集型企业的生产加工车间和员工集体宿舍，旅游、宗教活动场所等。由于人员密集场所结构设施复杂，使用性质重要，火灾危险性大，火灾预防和扑救难度大，发生火灾极易造成群死群伤和重大财产损失。因此，人员密集场所应依据公共安全行业标准《人员密集场所消防安全管理》的要求，从以下方面实施有效的消防安全管理，提高其预防和控制火灾的能力。

1. 消防安全例会。

人员密集场所应建立消防安全例会制度，其消防安全例会每月不宜少于 1 次。消防安全例会应由消防安全责任人主持，有关人员参加，处理涉及消防安全的重大问题，研究、部署、落实本场所的消防安全工作计划和措施。

2. 安全疏散设施管理。

安全疏散设施的管理应符合下列要求：

（1）应制定安全疏散设施管理制度，其内容应明确消防安全疏散设施管理的责任部门和责任人与定期维护、检查的要求。

（2）确保疏散通道、安全出口的畅通，禁止占用、堵塞疏散通道和楼梯间。

（3）人员密集场所在使用和营业期间疏散出口、安全出口的门不应锁闭。

（4）常闭式防火门应经常保持关闭；需要经常保持开启状态的防火门，应保证其火灾时能自动关闭；自动和手动关闭的装置应完好有效。

（5）平时需要控制人员出入或设有门禁系统的疏散门，应有保证火灾时人员疏散畅通的可靠措施。

（6）安全出口、疏散门不得设置门槛和其他影响疏散的障碍物，且在其 1.4m 范围内不应设置台阶。

（7）消防应急照明、安全疏散指示标志应完好、有效，发生损坏时应及时维修、更换。

（8）消防安全标志应完好、清晰，不应遮挡。

（9）安全出口、公共疏散走道上不应安装栅栏、卷帘门。

（10）窗口、阳台等部位不应设置影响逃生和灭火救援的栅栏。

（11）在旅馆、餐饮场所、商店、医院、公共娱乐场所等各楼层的明显位置应设置安全疏散指示图，指示图上应标明疏散路线、安全出口、人员所在位置和必要的文字说明。

（12）举办展览、展销、演出等大型群众性活动，应事先根据场所的疏散能力核定容纳人数。活动期间应对人数进行控制，采取防止超员的措施。

3. 消防设施管理。

消防设施管理应符合下列要求：

（1）应建立消防设施管理制度，其内容应明确消防设施管理的责任部门和责任人、消防设施的检查内容和要求、消防设施定期维护保养的要求。

（2）消火栓应有明显标志。

（3）室内消火栓箱不应上锁，箱内设备应齐全、完好。

（4）室外消火栓不应被埋压、圈占；距室外消火栓、水泵接合器 2.0m 范围内不得设置影响其正常使用的障碍物。

（5）展品、商品、货柜、广告箱牌、生产设备等的设置不得影响防火门、防火卷帘、室内消火栓、灭火剂喷头、机械排烟口和送风口、自然排烟窗、火灾探测器、手动火灾报警按钮、声光报警装置等消防设施的正常使用。

（6）应确保消防设施和消防电源始终处于正常运行状态；需要维修时，应采取相应的措施；维修完成后，应立即恢复到正常运行状态。

（7）按照消防设施管理制度和相关标准定期检查、检测消防设施，并做好记录，存档备查。

（8）自动消防设施应按照有关规定，每年委托具有相关资质的单位进行全面检查测试，并出具检测报告，送当地公安消防机构备案。

4. 用火、动火安全管理。

人员密集场所应建立用火、动火安全管理制度，并应明确用火、动火管理的责任部门和责任人，用火、动火的审批范围、程序和要求以及电、气焊工的岗位资格及其职责要求等内容，从以下方面加强管理：

（1）需要动火施工的区域与使用、营业区之间应进行防火分隔。

（2）进行电、气焊等明火作业前，实施动火的部门和人员应按照制度规定办理动火审批手续，清除易燃可燃物，配置灭火器材，落实现场监护人和安全措施，在确认无火灾、爆炸危险后方可动火施工。

（3）商店、公共娱乐场所禁止在营业时间动火施工。

（4）演出、放映场所需要使用明火时，应落实相关的防火措施。

（5）人员密集场所不应使用明火照明或取暖，如特殊情况需要时应有专人看护。

（6）炉火、烟道等取暖设施与可燃物之间应采取防火隔热措施。

（7）旅馆、餐饮场所、医院、学校等厨房的烟道应至少每季度清洗一次。

5. 易燃易爆化学物品管理。

（1）应明确易燃易爆化学物品管理的责任部门和责任人。

（2）人员密集场所严禁生产、储存易燃易爆化学物品。

（3）人员密集场所需要使用易燃易爆化学物品时，应根据需要限量使用，存储量不应超过一天的使用量，且应由专人管理、登记。

6. 消防安全重点部位管理。

（1）人员集中的厅（室）以及储油间、变配电室、锅炉房、厨房、空调机房、资料库、可燃物品仓库、化学实验室等应确定为消防安全重点部位，并明确消防安全管理的责任部门和责任人。

（2）应根据实际需要配备相应的灭火器材、装备和个人防护器材。

（3）应制定和完善事故应急处置操作程序。

（4）应列入防火巡查范围，作为定期检查的重点。

其他消防安全管理事项及要求，与本章有关内容相同，不再赘述。

第六节　消防控制室管理

消防控制室是设有火灾自动报警控制设备和消防控制设备，用于接收、显示、处理火灾报警信号，监控相关消防设施的专门处所，它是最重要的消防设备用房之一。

一、消防控制室的设置原则

《建筑设计防火规范》（GB 50016 – 2014）规定，设置火灾自动报警系统和需要联动控制的消防设备的建筑（群）应设置消防控制室。

二、消防控制室的设备配置及监控要求

（一）消防控制室的设备配置

消防控制室内设置的消防设备应包括火灾报警控制器、消防联动控制器、消防控制室图形显示装置、消防电话总机、消防应急广播控制装置、消防应急照明和疏散指示系统控制装置、消防电源监控器等设备，或具有相应功能的组合设备，如图3 – 4所示。

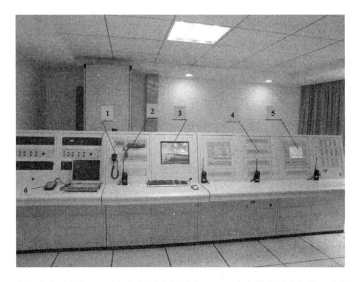

1 – 消防应急广播；2 – 消防专用电话主机；3 – 消防控制室图形显示装置；
4 – 消防联动控制器；5 – 火灾报警控制器；6 – 消防外线电话

图 3 – 4　消防控制室内控制设备的组成

（二）消防控制室的设备监控要求

消防控制室内配置的消防设备需具备以下监控功能：

（1）消防控制室内设置的消防设备应能监控并显示建筑消防设施的运行状态信息，并应具有向城市消防远程监控中心（以下简称监控中心）传输这些信息的功能。

（2）消防控制室内应能够及时向监控中心传输消防安全管理信息。

（3）具有两个及两个以上消防控制室时，应确定主消防控制室和分消防控制室。主消防控制室的消防设备应对系统内共用的消防设备进行控制，并显示其状态信息；主消防控制室内的消防设备应能显示各分消防控制室内消防设备的状态信息，并可对分消防控制室内的消防设备及其控制的消防系统和设备进行控制；各分消防控制室的消防设备之间可以互相传输、显示状态信息，但不应互相控制。

三、消防控制室的管理及应急程序

（一）消防控制室管理

（1）应实行每日 24h 专人值班制度，每班不应少于 2 人，值班人员应持有初级以上建（构）筑物消防员国家职业资格证书，并能熟练操作消防设施。

（2）消防设施日常维护管理应符合《建筑消防设施的维护管理》的相关规定。

（3）应确保火灾自动报警系统、灭火系统和其他联动控制设备处于正常工作状态，不得将应处于自动控制状态的设备设置在手动控制状态。

（4）应确保高位消防水箱、消防水池、气压水罐等消防储水设施水量充足，确保消防泵出水管阀门、自动喷水灭火系统管道上的阀门常开；确保消防水泵、防排烟风机、防火卷帘等消防用电设备的配电柜启动开关处于自动位置或者通电状态。

【案例】2012 年 9 月 13 日，广东省广州市一家具广场发生火灾，造成 3 人死亡。经火灾事故调查证实：该家具广场自动消防系统虽然在事故发生时第一时间启动报警，但该商场消防控制室未安排人员值班，无法第一时间发现警情并对初起火灾进行处置，是导致火灾迅速蔓延扩展的主要原因。

（二）消防控制室的值班应急程序

消防控制室的值班人员应按照下列应急程序处置火灾：

（1）接到火灾警报后，值班人员应立即以最快方式确认。

（2）火灾确认后，值班人员应立即确认火灾报警联动控制开关处于自动状态，同时拨打"119"报警，报警时应说明着火单位地点、起火部位、着火物种类、火势大小、报警人姓名和联系电话。

（3）值班人员应立即启动单位内部应急疏散和灭火预案，并同时报告单位负责人。

【案例】2013 年 10 月 11 日，北京市石景山区一购物商场一楼的麦当劳餐厅甜品操作间内电动自行车蓄电池在充电过程中发生电气故障，引起购物商场发生火灾，由于商场消防控制室值班人员挂掉报警继续打游戏导致自动消防设施形同虚设。火灾蔓延至整座大楼，大火燃烧长达 9h 才被扑灭，导致辖区公安消防部队灭火过程中 2 名消防警官牺牲，火灾直接财产损失达 1308.42 万元。

四、消防控制室档案资料建立

消防控制室内应保存下列纸质和电子档案资料，并应定期保存和归档：

1. 建（构）筑物竣工后的总平面布局图、建筑消防设施平面布置图、建筑消防设施系统图及安全出口布置图、重点部位位置图等。

2. 消防安全管理规章制度、应急灭火预案、应急疏散预案等。

3. 消防安全组织机构图，包括消防安全责任人、管理人、专职及志愿消防人员、微型消防站人员等内容。

4. 消防安全培训记录、灭火和应急疏散预案的演练记录。

5. 值班情况、消防安全检查情况及巡查情况的记录。

6. 消防设施一览表，包括消防设施的类型、数量、状态等内容。

7. 消防系统控制逻辑关系说明、设备使用说明书、系统操作规程、系统和设备维护保养制度等。

8. 设备运行状况、接报警记录、火灾处理情况、设备检修检测报告等资料。

第七节 防火检查

防火检查是单位内部开展消防安全管理的一项重要工作内容,是在消防安全方面进行自我管理、自我约束的一种主要形式,也是确保单位制定的相关消防安全管理制度和操作规程得到落实的有效手段。通过防火检查,目的是能够及时发现和消除火灾隐患,预防火灾发生。

一、防火检查的形式

单位开展防火检查的形式灵活多样,从不同的角度分为以下不同形式。

(一)按照防火检查的方式不同分类

1. 防火巡查。

防火巡查是单位组织相关专(兼)职消防人员,每日在一定区域内巡回观察重点部位、重点地区及周围的各种消防情况,及时解决消防安全问题、纠正各种消防安全违法行为和消除火灾隐患的一种检查形式。通过全天候、全方位的安全巡查,将火灾事故消灭在萌芽状态。

2. 防火检查。

防火检查是单位在一定的时间周期内、重大节日前或火灾多发季节,对单位消防安全工作涉及的方方面面进行的较为细致的一种定期检查。防火检查的目的是发现和消除潜在的火灾隐患,如图 3-5 所示。

图 3-5 单位防火检查

3. 专项检查。

专项检查是单位根据自身的实际情况和当前的主要任务,针对消防安全的薄弱环节或重点防火工作进行的检查。专项检查是实施重点管理的一种常用手段,如电气防火检查、用火检查、安全疏散检查、消防设施器材检查、危险品储存与使用检查等。

（二）按照防火检查的实施主体不同分类

1. 单位自查。

单位自查是单位内部根据工作安排或需要，组织消防安全归口管理部门或单位的车间班组、岗位工作人员，对消防安全重点部位等进行的消防安全自检自纠。单位自查是开展经常性消防安全检查最基本的形式，有利于基层单位自觉履行消防安全管理的职责义务。

2. 上级检查。

上级检查是指由单位的上级主管部门或总公司组织防火检查组对其所属基层单位进行联合检查。通过上级检查可以使单位之间相互交流切磋，达到相互促进、共同提高的目的。若制定一系列的评比标准，通过检查评比，还能起到鼓励先进、鞭策后进的作用。

二、防火检查的频次、内容及要求

（一）防火巡查的频次、内容及要求

1. 防火巡查的频次。

（1）消防安全重点单位应当进行每日防火巡查。

（2）公众聚集场所在营业期间的防火巡查应当至少每2h一次，营业结束时应当对营业现场进行检查，消除遗留火种。

（3）医院、养老院、寄宿制的学校、托儿所、幼儿园应组织每日夜间防火巡查，且不少于2次。其他消防安全重点单位可以结合实际组织夜间防火巡查。

（4）其他单位可以根据需要组织防火巡查。

（5）设有消防控制中心的单位应当落实专人每日对建筑消防设施进行巡查，巡查人员应当填写《消防控制中心运行记录表》，巡查人员及其主管人员应当在巡查记录上签字。

2. 防火巡查的内容。

（1）用火、用电有无违章情况。

（2）安全出口、疏散通道是否畅通，安全疏散指示标志、应急照明是否完好。

（3）消防设施、器材和消防安全标志是否在位、完整。

（4）常闭式防火门是否处于关闭状态，防火卷帘下是否堆放物品影响使用。

（5）消防安全重点部位的人员在岗情况。

（6）其他消防安全情况。

3. 防火巡查的要求。

（1）防火巡查应事先确定巡查的人员、内容、部位和频次。

（2）防火巡查人员应当及时纠正违章行为，妥善处置火灾危险，无法当场处置的，应当立即报告。发现初起火灾应当立即报警并及时扑救。

（3）防火巡查应当填写巡查记录，巡查人员及其主管人员应当在巡查记录上签字。

（二）防火检查的频次、内容及要求

1. 防火检查的频次。

（1）人员密集场所的各岗位应每天一次，各部门应每周一次，单位应每月一次。

（2）机关、团体、事业单位应当至少每季度进行一次防火检查。

（3）其他单位应当至少每月进行一次防火检查。

2. 防火检查的内容。

防火检查的内容应涵盖以下方面：

（1）火灾隐患的整改情况以及防范措施的落实情况。

（2）安全疏散通道、疏散指示标志、应急照明和安全出口情况。

（3）消防车通道、消防水源情况。

（4）灭火器材配置及有效情况。

（5）用火、用电有无违章情况。

（6）重点工种人员以及其他员工对消防知识的掌握情况。

（7）消防安全重点部位的管理情况。

（8）易燃易爆危险物品和场所防火防爆措施的落实情况以及其他重要物资的防火安全情况。

（9）消防（控制室）值班情况和设施运行、记录情况。

（10）防火巡查情况。

（11）消防安全标志的设置情况和完好、有效情况。

（12）其他需要检查的内容。

3. 防火检查的要求。

（1）防火检查应当由单位的消防安全责任人或管理人组织，相关职能部门和专职、兼职消防人员参与，填写《防火检查记录表》，相关人员应当在检查记录上签字。

（2）防火检查时应当对所有消防安全重点部位进行一次防火检查，对非重点部位进行抽查，抽查率不少于50%。

（3）防火检查要深入、细致地观察，防止图形式、走过场，分析问题要由表及里，抓住问题的实质和主要方面，并针对检查中发现的消防安全问题提出切合实际的解决办法。

（4）科学合理安排好防火检查的时间，以确保检查质量和效果。如在夜间最能暴露值班问题的薄弱环节，就应该选择夜间检查值班制度的落实情况和值班人员履职情况；生产工艺流程中的问题，只有在开机生产过程中才会暴露得充分一些，检查时间就应该选择在易暴露问题的时间段进行。

（5）通过防火检查，做到"十查十禁"：一查设施器材，禁损坏挪用；二查通道出口，禁锁闭堵塞；三查照明指示，禁遮挡损坏；四查装饰装修，禁易燃可燃；五查电气线路，禁私拉乱接；六查用电设备，禁违章使用；七查吸烟用火，禁擅用明火；八查场所人员，禁超员脱岗；九查物品存放，禁违规储存；十查人员住宿，禁三合一体。

【案例】2013 年 12 月 11 日，深圳市光明新区一农副产品批发市场发生重大火灾事故，造成 16 人死亡、5 人受伤，过火面积 1290m²，直接经济损失 1781.2 万元。经事故调查组认定，事故直接原因是市场 B 区 A 栋 A56 号商铺西南角上方的自制冷藏室空气冷却器电源线路短路引燃商铺内可燃物。这起火灾暴露出市场违法搭建，消防安全责任不落实、管理不到位，未按规范要求建设市场消防设施，未安装火灾紧急报警装置，商铺未设置紧急疏散出口，因而造成人员未能及时逃生。尤其是违规将市场内消火栓锁闭，消防水管网总阀未调至最大状态，导致火灾发生后无法及时扑救初起火灾。

（三）专项检查的频次、内容及要求

1. 专项检查的频次及要求。

单位每年至少应对建筑消防设施进行一次全面检测，确保完好有效，检测记录应当完整准确，存档备查。

2. 专项检查的内容及要求。

（1）设有自动消防设施的单位，应当按照有关规定对其自动消防设施进行全面检查测试，并出具检测报告，存档备查。

（2）单位应当按照有关规定定期对灭火器进行维护保养和维修检查。对灭火器应当建立档案资料，记明配置类型、数量、设置位置、检查维修单位（人员）、更换药剂的时间等有关情况。

（3）根据需要对其他涉及消防安全的事项进行专项检查。

三、防火检查的方法

防火检查方法，是指单位消防安全责任人、消防安全管理人及消防工作归口管理职能部门专（兼）职人员，为了达到检查的目的所采取的手段和方式。防火检查方法有多种形式，检查人员在进行检查时，应根据检查对象的情况，灵活加以运用，使其起到防火检查的目的。

（一）询问了解

为在有限的时间之内了解单位消防安全管理和员工消防知识技能掌握等情况，可以通过对相关人员进行询问或测试的方法直接而快速地获得相关的信息。

1. 询问对象。

（1）询问各级、各岗位消防安全管理人员，了解其实施和组织落实消防安全管理工作的概况以及领导对消防工作的熟悉和重视程度。

（2）询问消防安全重点部位的人员，了解单位对其培训的概况以及消防安全制度和操作规程的落实情况。

（3）询问消防控制室的值班、操作人员，了解其是否具备相应的岗位能力。

（4）询问员工，了解其火场疏散逃生的知识和技能、报告火警和扑救初起火灾的知识和技能等掌握情况。

2. 注意事项。

询问可以采用随机抽查的方式，边检查、边询问、边记录情况。采用这种方法时，防火检查人员应在事前作好充分准备，避免盲目性。例如，询问或测试哪些人，哪些方面的问题，问题的难易度与普遍性等，都应在检查前根据要检查的单位特点进行精心设计，这样才能达到询问或者测试的目的。

（二）查阅档案资料

1. 查阅内容。

（1）各项消防安全责任制度和消防安全管理制度；防火检（巡）查及消防培训教育记录。

（2）新增消防产品、防火材料的合格证明材料。

（3）消防设施定期检查记录和建筑自动消防系统全面测试及维修保养的报告。

（4）与消防安全有关的电气设备检测（包括防静电、防雷）记录资料。

（5）燃油、燃气设备安全装置和容器检测的记录资料。

（6）其他与消防安全有关的文件、资料。

2. 注意事项。

（1）制定的各种消防安全制度和操作规程是否全面并符合有关消防法律、法规的规定和实际需要。

（2）制订的灭火和应急疏散预案是否具有合理性和可操作性。

（3）各种检查记录、值班记录的填写是否详细、规范。

（4）注意资料的真实性和有效性，以及与实际情况的一致性。

（三）实地查看

实地查看，可通过眼看、手摸、耳听、鼻嗅等直接观察的方法，对以下内容进行查看，如图 3 - 6 所示。

图 3 – 6   实地查看法

1. 实地查看的内容。

（1）疏散通道是否畅通。

（2）防火间距是否被占用。

（3）安全出口是否被锁闭、堵塞。

（4）消防车通道是否被占用、堵塞。

（5）使用性质和防火分区是否被改变。

（6）消防设施和器材是否被遮挡。

（7）设备组件是否齐全，有无损坏，阀门、开关等是否按要求处于启闭位置。

（8）各种仪表显示屏显示的位置是否在正常的允许范围。

（9）危险品存放是否符合规定，燃料、物料有无泄漏。

（10）是否存在违章用火、用电、用气的行为，操作作业是否符合安全规程等。

2. 注意事项。

防火检查人员必须亲临现场，查看过程中要充分发挥人的感官功能，认真细致地观察。

（四）抽查测试

抽查测试主要是借助建筑消防设施检测等仪器设备，对建筑消防设施功能进行抽查测试，查看其运行情况，确认是否有效。同时对电气设备、线路，可燃气体、液体等相关参数进行测量，判定其是否符合要求，如图 3 – 7 所示。

图 3 - 7　室内消火栓栓口水压抽查测试

1. 抽查测试的项目。

（1）室内外消火栓压力测试。

（2）消防电梯紧急停靠测试。

（3）火灾报警器报警和故障功能测试。

（4）防火门、防火卷帘启闭测试。

（5）消防水泵启动测试。

（6）末端试水装置测试。

（7）防排烟系统启动及排烟量、压力测试。

（8）应急照明灯具启动及照度测试。

（9）电气设备、线路负荷测试。

（10）可燃气体、液体挥发浓度测量等。

2. 注意事项。

测试应借助建筑消防设施检测等仪器设备进行，并按照《建筑消防设施检测技术规程》等标准的要求进行抽查测试。

（五）现场演练

防火检查时，视情况还可以通过查看灭火和应急疏散预案的演练情况，检查单位能否按照预案确定的组织机构和人员分工，各就各位，各负其责，各尽其职，有序地组织实施火灾扑救和人员疏散。

1. 演练的内容。

（1）灭火行动组、通信联络组、疏散引导组、安全防护救护组等组织机构健全情况。

（2）报警和接警处置情况。

（3）应急疏散的组织和逃生情况。

（4）员工扑救初起火灾的技能掌握情况。

（5）通信联络、安全防护救护落实情况。

2. 注意事项。

实地演练时，可采取对某消防安全重点部位进行模拟演练，检查上述各项演练内容，查看其对预案的了解熟悉情况，并对演练情况进行评估，提出加强消防安全管理的建设性意见。

第八节　火灾隐患判定与整改

"海恩法则"认为，每一起严重事故的背后，必然有29次轻微事故和300次未遂先兆，以及1000个事故隐患。无数火灾案例表明，发生火灾的原因都是其存在一定的火灾隐患，如不及时采取措施予以消除，将会酿成火灾，造成不可避免的损失。

【案例】2010年11月5日吉林省吉林市一商业大厦发生重大火灾，造成19人死亡，24人受伤，过火面积约15830m²。经火灾事故调查认定，起火原因系该商业大厦1层2区精品店仓库顶部的电气线路短路导致。火灾事故分析表明，该商厦大火并非偶然，因其存在以下火灾隐患：一是擅自将自动喷水灭火系统管网进水阀门关闭，致使火灾发生后消防设施未能发挥应有作用，未能在第一时间控制和扑灭火灾。二是单位消防责任制不落实。商厦管理部门重效益、轻安全，没有根据实际制定消防安全管理制度，消防管理混乱，无人组织防火巡查，无人落实安全隐患的整改，无人对员工进行必要的消防安全培训，消防安全管理工作处于无人管理、无人负责的情况。致使单位电工在发现火灾时，误将消防电源在内的所有电源全部切断，导致建筑消防设施未能发挥作用，消防控制室人员也未按应急程序处置火灾事故。

一、火灾隐患的概念及分级

（一）火灾隐患的概念

火灾隐患是指违反消防法律规范，不符合消防技术标准，有可能引起火灾（爆炸）事故发生或危害性增大的各类潜在不安全因素，包括人的不安全行为、物的不安全状态等。火灾隐患通常包含以下三层含义：

（1）具有直接引发火灾危险的，如违反规定使用、储存或销售易燃易爆危险品，违章用火、用电、用气和进行明火作业等，有直接引发火灾的可能性。

（2）具有发生火灾时会导致火势迅速蔓延、扩大或者会增加对人身、财产危害的不安全因素，如建筑防火分隔、建筑结构防火等被随意改变，建筑消防设施未保持完好有效失去应有的作用等，一旦发生火灾，火势会迅速扩大，难以控制。

（3）具有发生火灾时会影响人员安全疏散或者灭火救援行动的不安全因素，如安全出口和疏散通道阻塞，缺少消防水源，消防电梯、水泵接合器不能使用等，一旦发生火灾，将导致人员无法及时疏散，造成大量人员伤亡。

（二）火灾隐患的分级

根据不安全因素引发火灾的可能性大小和可能造成的危害程度的不同，火灾隐患可分为一般火灾隐患和重大火灾隐患。

（1）一般火灾隐患，是指有引发火灾的可能，且发生火灾会造成一定的危害后果，但危害后果不严重的各类潜在不安全因素。

（2）重大火灾隐患，是指违反消防法律法规，不符合消防技术标准，可能导致火灾发生或火灾危害增大，并由此可能造成重大、特别重大火灾事故后果和严重社会影响的各类潜在不安全因素。

二、火灾隐患的确定

在防火检查中，发现具有下列情形之一的，可以将其确定为火灾隐患：

（1）影响人员安全疏散或者灭火救援行动，不能立即改正的。

（2）消防设施未保持完好有效，影响防火灭火功能的。

（3）擅自改变防火分区，容易导致火势蔓延、扩大的。

（4）在人员密集场所违反消防安全规定，使用、储存易燃易爆危险品，不能立即改正的。

（5）不符合城乡消防安全布局要求，影响公共安全的。

（6）其他可能增加火灾实质危险性或者危害性的情形。

三、重大火灾隐患的判定

重大火灾隐患应按照《重大火灾隐患判定方法》（GB 35181）规定的判定原则和程序进行认定。具有下列情形之一的，不应判定为重大火灾隐患：一是依法进行了消防设计专家评审，并已采取相应技术措施的；二是单位、场所已停产停业或停止使用的；三是不足以导致重大、特别重大火灾事故或严重社会影响的。

（一）重大火灾隐患直接判定

符合下列情形之一的，可以直接判定为重大火灾隐患：

（1）生产、储存和装卸易燃易爆危险品的工厂、仓库和专用车站、码头、储罐区，未设置在城市的边缘或相对独立的安全地带。

（2）生产、储存、经营易燃易爆危险品的场所与人员密集场所、居住场所设置在同一建筑物内，或与人员密集场所、居住场所的防火间距小于国家工程建设消防技术标准规定值的75%。

（3）城市建成区的加油站、天然气或液化石油气加气站、加油加气合建站的储量达到或超过《汽车加油加气站设计与施工规范》（GB50156）对一级站的规定。

（4）甲、乙类生产场所和仓库设置在建筑的地下室或半地下室。

（5）公共娱乐场所、商店、地下人员密集场所的安全出口数量不足或其总净宽度小于国家工程建设消防技术标准规定值的80%。

（6）旅馆、公共娱乐场所、商店、地下人员密集场所未按国家工程建设消防技术标准的规定设置自动喷水灭火系统或火灾自动报警系统。

（7）易燃可燃液体、可燃气体储罐（区）未按国家工程建设消防技术标准的规定设置固定灭火、冷却、可燃气体浓度报警、火灾报警设施。

（8）在人员密集场所违反消防安全规定使用、储存或销售易燃易爆危险品。

（9）托儿所、幼儿园的儿童用房以及老年人活动场所，所在楼层位置不符合国家工程建设消防技术标准的规定。

（10）人员密集场所的居住场所采用彩钢夹芯板搭建，且彩钢夹芯板芯材的燃烧性能等级低于《建筑材料及制品燃烧性能分级》（GB 8624）规定的A级。

（二）重大火灾隐患综合判定

对不存在重大火灾隐患直接判定情形的，按照以下规定进行综合判定其是否存在重大火灾隐患。

1. 综合判定要素。

重大火灾隐患综合判定要素，见表3-1所示。

表3-1 重大火灾隐患综合判定要素

序号		综合判定要素
1	总平面布置	未按国家工程建设消防技术标准的规定或城市消防规划的要求设置消防车道或消防车道被堵塞、占用
2		建筑之间的既有防火间距被占用或小于国家工程建设消防技术标准的规定值的80%；明火和散发火花地点与易燃易爆生产厂房、装置设备之间的防火间距小于国家工程建设消防技术标准的规定值
3		在厂房、库房、商场中设置员工宿舍，或是在居住等民用建筑中从事生产、储存、经营等活动，且不符合《住宿与生产储存经营合用场所消防安全技术要求》（GA703）的规定
4		地下车站的站厅乘客疏散区、站台及疏散通道内设置商业经营活动场所
5	防火分隔	原有防火分区被改变并导致实际防火分区的建筑面积大于国家工程建设消防技术标准规定值的50%
6		防火门、防火卷帘等防火分隔设施损坏的数量大于该防火分区相应防火分隔设施总数的50%
7		丙、丁、戊类厂房内有火灾或爆炸危险的部位未采取防火分隔等防火防爆技术措施

续表

序号		综合判定要素
8	安全疏散设施及灭火救援条件	建筑内的避难走道、避难间、避难层的设置不符合国家工程建设消防技术标准的规定，或避难走道、避难间、避难层被占用
9		人员密集场所内疏散楼梯间的设置形式不符合国家工程建设消防技术标准的规定
10		除公共娱乐场所、商店、地下人员密集场所外的其他场所或建筑物的安全出口数量或宽度不符合国家工程建设消防技术标准的规定，或既有安全出口被封堵
11		按国家工程建设消防技术标准的规定，建筑物应设置独立的安全出口或疏散楼梯而未设置
12		商店营业厅内的疏散距离大于国家工程建设消防技术标准规定值的125%
13		高层建筑和地下建筑未按国家工程建设消防技术标准的规定设置疏散指示标志、应急照明，或所设置设施的损坏率大于标准规定要求设置数量的30%；其他建筑未按国家工程建设消防技术标准的规定设置疏散指示标志、应急照明，或所设置设施的损坏率大于标准规定要求设置数量的50%
14		设置人员密集场所的高层建筑的封闭楼梯或防烟楼梯间的门的损坏率超过其设置总数的20%，其他建筑的封闭楼梯间或防烟楼梯间的门的损坏率大于其设置总数的50%
15		人员密集场所内疏散走道、疏散楼梯间、前室的室内装修材料的燃烧性能不符合《建筑内部装修设计防火规范》（GB50222）的规定
16		人员密集场所的疏散走道、楼梯间、疏散门或安全出口设置栅栏、卷帘门
17		人员密集场所的外窗被封堵或被广告牌等遮挡
18		高层建筑的消防车道、救援场地设置不符合要求或被占用，影响火灾扑救
19		消防电梯无法正常运行
20	消防给水及灭火设施	未按国家工程建设消防技术标准的规定设置消防水源、储存泡沫液等灭火剂
21		未按国家工程建设消防技术标准的规定设置室外消防给水系统，或已设置但不符合标准的规定或不能正常使用
22		未按国家工程建设消防技术标准的规定设置室内消火栓系统，或已设置但不符合标准的规定或不能正常使用
23		除旅馆、公共娱乐场所、商店、地下人员密集场所外，其他场所未按国家工程建设消防技术标准的规定设置自动喷水灭火系统
24		未按国家工程建设消防技术标准的规定设置除自动喷水灭火系统外的其他固定灭火设施
25		已设置的自动喷水灭火系统或其他固定灭火设施不能正常使用或运行

续表

序号		综合判定要素
26	防排烟设施	人员密集场所、高层建筑和地下建筑未按国家工程建设消防技术标准的规定设置防烟、排烟设施或已设置但不能正常使用或运行
27	消防供电	消防用电设备的供电负荷级别不符合国家工程建设消防技术标准的规定
28		消防用电设备未按国家工程建设消防技术标准的规定采用专用的供电回路
29		未按国家工程建设消防技术标准的规定设置消防用电设备末端自动切换装置，或已设置但不符合标准的规定或不能正常自动切换
30	火灾自动报警系统	除旅馆、公共娱乐场所、商店、其他地下人员密集场所以外的其他场所未按国家工程建设消防技术标准的规定设置火灾自动报警系统
31		火灾自动报警系统不能正常运行
32		防排烟系统、消防水泵以及其他自动消防设施不能正常联动控制
33	消防安全管理	社会单位未按消防法律法规要求设置专职消防队
34		消防控制室值班人员未按《消防控制室通用技术要求》（GB25506）的规定持证上岗
35	其他	生产、储存场所的建筑耐火等级与其生产、储存物品的火灾危险性类别不相匹配，违反国家工程建设消防技术标准的规定
36		生产、储存、装卸和经营易燃易爆危险品的场所或有粉尘爆炸危险场所未按规定设置防爆电气设备和泄压设施，或防爆电气设备和泄压设施失效
37		违反国家工程建设消防技术标准的规定使用燃油、燃气设备，或燃油、燃气管道敷设和紧急切断装置不符合标准规定
38		违反规定在公共场所使用可燃材料装修违反国家工程建设消防技术标准的规定在可燃材料或可燃构件上直接敷设电气线路或安装电气设备，或采用不符合标准规定的消防配电线缆和其他供配电线缆
39		违反国家工程建设消防技术标准的规定在人员密集场所使用易燃、可燃材料装修、装饰

2. 综合评定规则。

符合下列条件应综合判定为重大火灾隐患：

（1）人员密集场所存在表3–1对应"安全疏散设施及灭火救援条件"中第8~16项和"防排烟设施"中第26项、"其他"中第37项规定的综合判定要素3条以上（含本数，下同）。

（2）易燃、易爆危险品场所存在表3–1对应"总平面布置"中第1~3项和"消防给水及灭火设施"中第24、25项规定的综合判定要素3条以上。

（3）人员密集场所、易燃易爆危险品场所、重要场所存在表3–1规定的任意综合判定要素 4 条以上。

（4）其他场所存在表 3－1 规定的任意综合判定要素 6 条以上。

3．综合判定步骤。

采用综合判定方法判定重大火灾隐患时，应按下列步骤进行：

（1）确定建筑或场所类别。

（2）确定该建筑或场所是否存在表 3－1 规定的综合判定要素的情形和数量。

（3）判定为重大火灾隐患的，单位应及时上报辖区公安机关消防机构。

四、火灾隐患的整改

单位对存在的火灾隐患，应当及时予以消除。按照火灾隐患大小、危害程度及整改的难易程度不同，火灾隐患整改的要求也有所不同。

（一）当场改正

对下列违反消防安全规定的行为，单位应当责成有关人员当场改正并督促落实，同时改正情况应当有记录并存档备查。

（1）消防设施、器材或者消防安全标志的配置、设置不符合国家标准、行业标准，或者未保持完好有效的。

（2）损坏、挪用或者擅自拆除、停用消防设施、器材的。

（3）占用、堵塞、封闭疏散通道、安全出口或者有其他妨碍安全疏散行为的。

（4）埋压、圈占、遮挡消火栓或者占用防火间距的。

（5）违反规定使用明火作业的。

（6）在具有火灾、爆炸危险的场所吸烟、使用明火的。

（7）占用、堵塞、封闭消防车通道，妨碍消防车通行的。

（8）人员密集场所在门窗上设置影响逃生和灭火救援的障碍物的。

（9）其他应当责令立即改正的消防安全违法行为和火灾隐患。

（二）限期整改

单位或单位有关责任人员对存在的火灾隐患，必须在规定的期限内对其进行整改，绝不能拖着不改，以免酿成火灾事故。

（1）对不能当场改正的火灾隐患，消防工作归口管理职能部门或者专（兼）职消防管理人员应当根据本单位的管理分工，及时将存在的火灾隐患向单位的消防安全管理人或者消防安全责任人报告，提出整改方案。消防安全管理人或者消防安全责任人应当确定整改的措施、期限以及负责整改的部门、人员，并落实整改资金。在火灾隐患未消除之前，单位应当落实防范措施，保障消防安全。不能确保消防安全，随时可能引发火灾或者一旦发生火灾将严重危及人身安全的，应当将危险部位停产停业整改。

（2）对涉及城市规划布局而不能自身解决的重大火灾隐患，以及单位确无能力解决的重大火灾隐患，单位应当提出解决方案并及时向上级主管部门或者当地人民政府报告。

（3）对公安机关消防机构责令限期改正的火灾隐患，单位应当在规定的期限内改正并写出火灾隐患整改复函，报送公安机关消防机构。

（4）对被公安机关消防机构依法责令停产停业、停止使用或被查封的，单位应当立即停止火灾隐患所在部位或场所的各种生产经营活动，并做好火灾隐患整改工作。经整改具备消防安全条件的，由单位提出恢复使用、生产、营业的书面申请。经公安机关消防机构检查确认已经改正消防安全违法行为，具备消防安全条件的，单位方可恢复使用、生产、营业。对火灾隐患的整改未达到要求的，应对火灾隐患重新进行评估判定，制定整改措施并继续进行整改，不具备消防安全条件的，单位不得自行恢复使用、生产、营业。

（5）火灾隐患整改完毕，负责整改的部门或者人员应当将整改情况记录报送消防安全责任人或者消防安全管理人签字确认后存档备查。

第九节　消防安全宣传教育与培训

火灾统计资料显示，单位发生火灾 70% 以上是由于员工消防安全意识淡薄，存在各种违反安全操作规程和违章用火、用电、用气的行为而引起的。因此，为提高员工的消防安全能力，增强单位抗御火灾的能力，单位应依法开展和参加经常性的消防安全宣传教育与培训活动。

【案例】2013 年 4 月 14 日，湖北省襄阳市樊城区一城市花园酒店内的网吧发生火灾，火灾直接原因是网吧包房区东南侧一包房的吊顶内因电气线路短路引起电线的绝缘层可燃物发生缓慢燃烧，烟气通过吊顶内的孔洞向网吧西侧各房间蔓延，此时正在网吧上网的高某等人闻到刺鼻的怪味开始陆续离开网吧，收银员李某发现冒烟后，未及时报警即跟随上网人员离开现场。由于该酒店在日常消防安全管理中对员工消防宣传教育培训不到位，使得该酒店的消防控制室无人值班，自动喷水灭火系统处于手动状态，固定消防设施未发挥作用，再加上火灾发生后组织疏散不力，导致火灾迅速蔓延并形成大面积立体燃烧，导致在该花园酒店住宿的 14 人死亡，47 人受伤，直接经济损失共计 1051.78 万元。

一、消防安全宣传教育与培训的法定职责

（一）《消防法》规定的法定职责

《消防法》第 6 条规定：机关、团体、企业、事业等单位，应当加强对本单位人员的消防宣传教育。

（二）《机关、团体、企业、事业单位消防安全管理规定》规定的法定职责

《机关、团体、企业、事业单位消防安全管理规定》第 36 条规定：单位应当通过多种形式开展经常性的消防安全宣传教育。消防安全重点单位对每名员工应当

至少每年进行一次消防安全培训。

（三）《社会消防安全教育培训规定》规定的法定职责

1. 单位的法定职责。

单位应当根据本单位的特点，建立健全消防安全教育培训制度，明确机构和人员，保障教育培训工作经费，按照下列规定对职工进行消防安全教育培训：

（1）定期开展形式多样的消防安全宣传教育；

（2）对新上岗和进入新岗位的职工进行上岗前消防安全培训；

（3）对在岗的职工每年至少进行一次消防安全培训；

（4）消防安全重点单位每半年至少组织一次、其他单位每年至少组织一次灭火和应急疏散演练。

单位对职工的消防安全教育培训应当将本单位的火灾危险性、防火灭火措施、消防设施及灭火器材的操作方法、人员疏散逃生知识等作为培训的重点。

2. 各级各类学校的法定职责。

各级各类学校应当开展下列消防安全教育工作：

（1）将消防安全知识纳入教学内容；

（2）在开学初、放寒（暑）假前、学生军训期间，对学生普遍开展专题消防安全教育；

（3）结合不同课程的特点和要求，对学生进行有针对性的消防安全教育；

（4）组织学生到当地消防站参观体验；

（5）每学年至少组织学生开展一次应急疏散演练；

（6）对寄宿学生开展经常性的安全用火用电教育和应急疏散演练。

3. 物业服务企业的法定职责。

物业服务企业应当在物业服务工作范围内，根据实际情况积极开展经常性的消防安全宣传教育，每年至少组织一次本单位员工和居民参加的灭火和应急疏散演练。

4. 公共场所的法定职责。

歌舞厅、影剧院、宾馆、饭店、商场、集贸市场、体育场馆、会堂、医院、客运车站、客运码头、民用机场、公共图书馆和公共展览馆等公共场所应当按照有关要求对公众开展消防安全宣传教育。

旅游景区、城市公园绿地的经营管理单位、大型群众性活动主办单位应当在景区、公园绿地、活动场所醒目位置设置疏散路线、消防设施示意图和消防安全警示标志，利用广播、视频设备、宣传栏等开展消防安全宣传教育。

5. 在建工程的施工单位的法定职责。

在建工程的施工单位应当开展下列消防安全教育工作：

（1）建设工程施工前应当对施工人员进行消防安全教育；

（2）在建设工地醒目位置、施工人员集中住宿场所设置消防安全宣传栏，悬挂消防安全挂图和消防安全警示标志；

(3) 对明火作业人员进行经常性的消防安全教育；

(4) 组织灭火和应急疏散演练。

6. 新闻、广播、电视等单位的法定职责。

新闻、广播、电视等单位应当积极开设消防安全教育栏目，制作节目，对公众开展公益性消防安全宣传教育。

以上单位要切实履行好消防安全宣传教育与培训的法定职责，根据本单位的特点，建立健全消防安全教育与培训制度，明确机构和人员，保障教育培训工作经费，开展消防安全宣传教育与培训工作，如图 3-8 所示。

图 3-8　单位开展消防安全教育与培训

二、消防安全宣传教育与培训的类别、对象及内容

(一) 消防安全宣传教育与培训的类别

消防安全宣传教育与培训分为以下两种类别：

1. 基本性消防安全教育与培训。

基本性消防安全教育与培训是指单位自身开展消防安全宣传教育与培训。社会单位结合本单位的火灾危险性和消防安全责任，对从业人员进行消防教育与培训，其目的是确保全体人员懂基本消防常识，掌握消防设施、器材使用方法和逃生自救技能，会查找火灾隐患、扑救初起火灾和组织人员疏散逃生。

2. 专门性消防安全教育与培训。

专门性消防安全教育与培训是指公安机关消防机构或者其他具有消防安全培训资质的机构，对具有火灾危险性岗位的从业人员以及与消防安全相关的工作岗位从业人员组织的消防安全专业知识和技能的培训。

(二) 接受消防安全宣传教育与培训的对象

《消防法》和《机关、团体、企业、事业单位消防安全管理规定》对单位应接受基本性和专门性消防安全宣传教育与培训的对象作了如下规定：

1. 接受单位自身开展的基本性消防安全宣传教育与培训的对象。

一般单位新上岗和进入新岗位的员工，以及重点单位在岗的每名员工都应接受消防安全基本性培训。

2. 接受消防安全专门性教育与培训的对象。

（1）单位的消防安全责任人、消防安全管理人。

（2）专（兼）职消防管理人员。

（3）消防控制室的值班、操作人员。

（4）其他依照规定应当接受消防安全专门性培训的人员。例如，消防安全巡查、检查人员，专职消防队和志愿消防队的队员，消防设施操作人员与维修人员，锅炉工、电焊工、电工以及重点单位的重点工种工作人员等。

根据不同岗位（工种）人员履行消防安全职责的要求，单位应当创造条件让各类有关人员参加有针对性的消防安全专门性培训。其中，消防控制室的值班人员、消防设施操作人员还应经过标准学时的消防安全专业培训并通过职业技能鉴定，持证上岗。

（三）消防安全宣传教育与培训的内容

根据《机关、团体、企业、事业单位消防安全管理规定》、《社会消防安全教育培训规定》和《社会消防安全教育培训大纲（试行)》的规定，单位及各类人员接受消防安全宣传教育与培训的内容如下：

1. 单位自身开展消防安全宣传教育与培训的内容。

（1）有关消防法规、消防安全制度和保障消防安全的操作规程。

（2）本单位、本岗位的火灾危险性和防火措施。

（3）有关消防设施的性能、灭火器材的使用方法。

（4）报火警、扑救初起火灾以及自救逃生的知识和技能。

公众聚集场所对员工消防培训的内容还应当包括组织、引导在场群众疏散的知识和技能。

2. 单位各类人员参加社会消防专门培训机构培训的内容。

消防专门培训的主要内容包括四个方面：消防安全基本知识、消防法规基本常识、消防工作基本要求和消防基本能力训练，其具体内容详见《社会消防安全教育培训大纲（试行)》。

（1）对单位消防安全责任人、管理人和专（兼）职消防安全管理人员的培训。通过对此类人员进行消防安全宣传教育与培训，使其熟悉消防法律法规和有关标准，知晓消防工作法定职责，掌握消防安全基本知识和消防安全管理基本技能，提高检查消除火灾隐患、组织扑救初起火灾、组织人员疏散逃生和消防宣传教育培训能力。

（2）对自动消防系统操作、消防安全监测人员的培训。通过对此类人员进行培训，使其熟悉消防法律、法规和有关标准规定，知晓消防工作法定职责，掌握消防安全基本知识和操作消防设施的基本技能，提高消防控制室值班人员的管理水平和应急处置能力。

（3）对电工、电气焊工等特殊工种作业人员的培训。通过对此类人员进行教育培训，使其熟悉消防法律、法规的有关规定，知晓消防安全法定职责，掌握消防安全基本知识和电工、电气焊等作业的消防安全措施及要求，提高预防和处置初起火灾能力。

（4）对志愿消防人员的培训。通过对单位志愿消防员进行培训，使其熟悉消防法律、法规有关规定，知晓消防安全法定职责，掌握消防安全基本知识和基本技能，提高防火安全检查、消防宣传、初起火灾处置和引导人员疏散的能力。

（5）对保安员的培训。通过对单位保安人员进行教育培训，使其熟悉消防法律、法规、规章，知晓消防工作职责，掌握消防安全基本知识和消防安全管理要求，提高消防安全巡查检查、初起火灾扑救、引导人员疏散和消防宣传的能力。

（6）社会单位员工。通过对单位员工进行教育培训，使其熟悉基本消防法律、法规和规章，知晓消防工作法定职责，掌握消防安全基本知识和消防基本技能，提高火灾预防、初起火灾处置及火场疏散逃生能力。

三、消防安全宣传教育与培训的形式及装备配备

（一）消防安全宣传教育与培训的形式

消防安全宣传教育与培训有以下多种形式，实践中视具体情况来选择。

1. 通过新闻媒体宣传。

媒体宣传是消防安全宣传教育的主要途径之一，它包括电视宣传教育、广播宣传教育、报刊宣传教育、网络宣传教育和移动工具宣传教育等多种方式。

2. 利用消防安全宣传教育与培训基地进行。

消防安全宣传教育与培训基地是指建设专用建筑物或相对固定的宣传设施，作为开展社会化消防安全宣传教育的平台和载体。常见的基地有：消防科普教育基地、面向社会开放的消防站、消防宣传车、消防安全宣传教育一条街等。

3. 结合职业技能或岗位教育培训。

职业技能培训是按照国家职业分类和职业技能标准进行的规范性培训，如建（构）筑物消防员职业技能培训等。岗位培训教育是为使受教育的新员工能正确掌握岗位"应知应会"的内容和要求，对员工进行工作内容、要领、方法和程序的培训教育。岗位培训教育按教育的不同层次，可分为厂（单位）、车间（工段）、班组（岗位）三级。在每一级的培训内容中应结合操作岗位的实际情况和特点，增加必要的消防安全知识和技能。

4. 召开消防安全教育会议。

采用会议形式，围绕一个共同的主题进行消防信息交流的活动。例如，根据消

防工作需要，定期组织召开消防安全形势分析会、消防表彰会、消防安全现场会等。

5. 开发消防文化艺术作品。

常见的消防文化作品有以下几种：消防影视作品、消防文学作品、消防曲艺作品、消防书画作品、消防游戏作品。

6. 聘请消防形象大使。

聘请消防形象大使的目的是借助形象大使的明星效应或良好的人际关系，由其代为宣传消防知识和法律法规，可取得一定的消防安全宣传教育效果。

（二）消防安全宣传教育与培训的装备配备

单位开展消防安全宣传教育与培训，可根据自身特点、条件和需要，科学合理配备相应的装备器材，如广播、电视、数码摄像机、影像资料、展板（台）、有关灭火器材、个人防护器具、教学模具等。

四、消防安全宣传员的来源及能力要求

1. 消防宣传员的来源。

单位开展消防安全宣传教育与培训可由以下三类人员担任消防宣传员：第一类是单位的消防安全责任人、消防安全管理人和专（兼）职消防安全管理人员；第二类是单位的部门、车间及中间层次负有管理责任的负责人；第三类是单位的各部门处室及班组专（兼）职安全员、专职或志愿消防队员等。

2. 消防宣传员的能力要求。

消防宣传员应具备以下基本能力要求。

（1）基本能力要求：应具备语言表达、组织管理、人际交往和教学讲授的基本能力。

（2）基本技能要求：应具备搜集和整理基础资料、制订消防安全教育方案、撰写消防宣传稿件以及培训授课等基本技能。

五、消防安全宣传教育与培训活动的实施方法

（一）消防专题宣传教育活动实施步骤及方法

1. 拟定消防宣传教育方案。

消防安全教育方案制订包括以下步骤：

（1）确定主题。消防宣传教育的主题是旗帜与口号。确定主题要结合一段时期内消防工作的热点和重点以及单位的现有条件。主题的设计和导向应该能够把公众视野和注意力引导到消防安全重点问题上去，以达到预期效果。

（2）明确目的。即明确为什么要组织宣传及要实现什么样的效果。确定目标必须符合实际情况，实事求是，防止贪大求全，同时还应突出重点，兼顾其他。

（3）确定内容。消防宣传教育的具体内容应针对教育对象的特征而灵活确定，

使受众从中真正领会和体验到消防安全教育传递给他们的各种信息。

（4）确定方式。消防宣传教育方式的确定应综合考虑受教育对象的特点、教育内容、所具备的硬件设施等因素，使表现形式能够突出消防安全教育目标的重点，形成亮点、声势和规模，产生有感染力、持久性的教育效果。

（5）编写方案文本。主要包括：教育的主题和目的，教育的地点、时间、主办方、承办方、保障措施，教育的内容、开展方式、实施步骤以及时间分配，参加人员及分工，可预见活动期间意外事件的处理措施。

（6）报领导审批。将拟定的消防宣传教育方案报有关领导审批，同意后方可实施。

2. 活动前准备。

活动前准备工作主要包括：人员组织、场地落实及时间安排；制订经费预算，对宣传活动所需经费进行细致分解，报领导审批；准备宣传资料、展板，印刷和制作；调集器材装备，确定资料、展板和宣传台运送时间。

3. 组织实施。

组织实施主要包括：对场地进行画线，营造氛围，按领导同意的消防宣传教育方案开展活动。

4. 后期工作。

后期工作主要包括：全面总结本次宣传教育活动，视情况发通报；对活动支出经费履行相关报销手续；整理活动相关图片、音像资料，并归档。

（二）消防知识竞赛实施步骤及方法

1. 准备工作。

拟定消防知识竞赛方案，成立大赛组委会，研究实施步骤，落实主持人和责任人；准备消防安全知识题库；落实大赛所需经费。

2. 组织实施。

落实比赛举办场地，布置灯光音响；邀请相关领导及单位、群众参加；安排参赛代表熟悉场地；开展比赛；对获奖代表进行颁奖。

3. 后期工作。

全面总结本次比赛活动，视情况发通报；对活动支出经费履行相关报销手续；整理活动相关图片、音像资料，并归档。

（三）培训授课实施步骤及方法

1. 制订培训计划。

培训计划分为长期计划、短期计划和专项计划三类。培训计划的内容通常包括：培训的宗旨、方针和目标，培训的对象和人数，培训的组织形式，培训的具体内容、课程设置及学时分配，培训的时间和教学保障要求，考核、验收和评价方案。

2. 编制教案。

教案内容主要包括：教学科目、教学目的、教学内容及重点、教学方法、学时分配、教学要求及保障等。教案分为纸质教案和电子教案。纸质教案的编写应内容完整、层次清晰、突出重点、文字简练、叙述准确。电子教案包括普通文档教案（即采用 Word 或 PowerPoint 文本形式制作的课件）和多媒体课件（即通过计算机技术对文本、图像、动画、声音等进行综合处理和运用的电子课件）。

3. 课堂授课。

课堂授课是开展消防教育最常用的形式。讲授时应做到内容翔实，紧扣主题；层次分明，突出重点；语言生动，表达准确；评议精练，注重实效；提纲挈领，善于归纳。

4. 模拟演练。

模拟演练是通过模拟演示、技术示范和实际操作使受训者掌握设备工作原理、器材使用方法和操作技能的培训方式。模拟训练的手段可利用器材装备训练，利用模拟设施训练，利用计算机模拟或多媒体电教设备训练等。

第十节 灭火和应急疏散预案编制与演练

《消防法》第 16 条明确规定：机关、团体、企业、事业等单位应当制订灭火和应急疏散预案，并组织进行有针对性的消防演练。灭火和应急疏散预案是对单位火灾发生后灭火和应急疏散有关问题作出预先筹划和计划安排的文书，是对单位内部可能发生的火灾，根据灭火和应急疏散的指导思想和处理原则，以及单位内部现有的消防设施与器材、单位内部员工的数量和岗位情况而拟定的灾害应对方案。

一、灭火和应急疏散预案的编制

编制灭火和应急疏散预案的目的在于针对设定的火灾事故的不同类型、规模及社会单位情况，合理调动分配单位内部员工组成的灭火救援力量，正确采用各种技术和手段，成功地实施灭火和应急疏散行动，最大限度地减少人员伤亡，降低财产损失。

（一）预案内容

1. 基本概况。

（1）单位基本情况。预案应包括单位名称、地址、使用功能、建筑面积、建筑结构和主要人员情况说明等内容；生产企业单位还应包括生产的主要产品、主要原材料、生产能力、主要生产工艺、主要生产设施及装备等内容；危险化学品运输单位还应包括运输车辆情况及主要的运输产品、运量等。

（2）单位周边情况。包括距本单位 300～500m 范围内有关相邻建筑、地形地貌、道路、周边区域单位、社区、重要基础设施、水源等情况。

2. 组织机构及职责。

单位灭火和应急疏散的组织机构主要包括：火场指挥部、通信联络组、灭火行动组、疏散引导组、安全防护救护组、现场警戒组，如图 3－9 所示。组织机构的设置应结合本单位的实际情况，遵循归口管理、统一指挥、讲究效率、权责对等和灵活机动的原则。

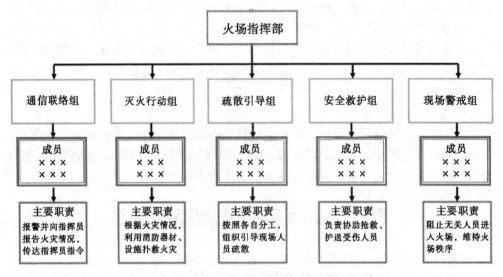

图 3－9　灭火和应急疏散预案的组织机构及职责

（1）火场指挥部。火场指挥部可设在起火部位附近或消防控制室、电话总机室，由消防安全责任人或消防安全管理人担任公安消防队到达火灾现场之前的现场指挥，其职责是指挥、协调各职能小组和志愿消防队开展工作，根据火情决定是否通知人员疏散并组织实施，及时控制和扑救火灾。公安消防队到达后，应及时向指挥员报告火场内的有关情况，按照指挥员的统一部署，协调配合公安消防队开展灭火救援行动。

（2）通信联络组。其任务是负责通信联络，及时通报事态信息，向上级报告情况，进行水源保障、看守巡逻等。

（3）灭火行动组。由单位的专职消防队、微型消防站或志愿消防队员组成。视情况可以进一步细化现场灭火小组、救人小组、贵重物资转移保护小组、工艺处置小组、消防控制室操作小组等，其任务是具体组织指挥灭火救援及相关的工作。

（4）疏散引导组。其任务是引导人员疏散自救，确保人员安全快速疏散。

（5）安全救护组。主要负责组织医务人员、救护车辆及时救护治疗受伤人员，并视情况转送医疗机构。

（6）现场警戒组。由保安人员组成，主要负责阻止无关人员进入火场，维持火场秩序。

3. 火情预想。

火情预想即对单位可能发生火灾作出的有根据且符合实际的设想，这是制订应急预案的重要依据。其内容如下：

（1）消防安全重点部位和主要起火点。同一重点部位，可假设多个起火点。

（2）起火物品及蔓延条件，燃烧范围和主要蔓延的方向。

（3）可能造成的危害和影响以及火情发展变化趋势、可能造成的严重后果等。

（4）火灾发生的时间段，如白天和夜间、营业期间和非营业期间。

4. 报警和接警处置程序。

报警、接警处置程序如下：

（1）报警。以快捷方便为原则确定发现火灾后的报警方式。例如，口头报警、有线报警、无线报警等，报警的对象为现场受火灾威胁的人员、"119"、单位值班领导、消防控制室等。

（2）接警。接警后，视情况启动应急预案，按预案确定内部报警的方式和疏散的范围，组织初起火灾的扑救和人员疏散工作，安排力量做好警戒工作。有消防控制室的场所，值班员在接到火情消息后，立即通过视频方式通知有关人员前往核实火情，火情核实确认后，立即通知灭火行动组人员展开灭火行动，并尽可能同步向消防队和单位值班负责人报告。

5. 应急疏散的组织程序和措施。

（1）应急疏散的组织程序。一是疏散通报。火场指挥部根据火灾的发展情况，决定发出疏散通报。通报的次序是：着火层—着火层以上各层—有可能蔓延的着火层以下的楼层。二是疏散引导。根据建筑特点和周围情况，事先划定供疏散人员集结的安全区域；在疏散通道上分段安排人员指明疏散方向，查看是否有人员滞留在应急疏散的区域内，统计人员数量，稳定人员情绪。

（2）应急疏散的措施。应急疏散通报的方式：一种是语音通报。可利用消防广播播放预先录制好的录音带或由值班人员直接播报火情、介绍疏散路线及注意事项，并注意稳定人员的情绪。另一种是警铃通报。通过警铃发出紧急通告和疏散指令。在编制安全疏散方案时，要按人员的分布情况，绘制发生火灾情况时的安全疏散平面图，并用醒目的箭头标明安全出口和疏散路线。

6. 扑救初起火灾的程序和措施。

发现火灾后，火场指挥部、各行动小组迅速集结，按照职责分工，进入相应位置，并按以下程序和措施扑救初起火灾。

（1）起火部位现场员工应当于1min内形成灭火第一战斗力量，在第一时间内采取如下措施：按下火灾报警按钮或呼叫附近的员工拨打"119"电话报警、报告消防控制室或单位值班人员；灭火设施、器材附近的员工利用现场灭火器、消火栓等器材、设施灭火；安全出口或通道附近的员工负责引导人员疏散。

（2）若火势扩大，单位应当于3min内形成灭火第二战斗力量，及时采取如下措施：通信联络组按照应急预案要求通知预案涉及的员工赶赴火场，向火场指挥员报告火灾情况，将火场指挥员的指令下达有关员工；灭火行动组根据火灾情况利用本单位的消防器材、设施扑救火灾；疏散引导组按分工组织引导现场人员疏散；安全救护组负责协助抢救、护送受伤人员；现场警戒组阻止无关人员进入火场，维持火场秩序。

（3）相关部位人员负责关闭空调系统和燃气总阀门，切断部分电源，及时疏散易燃易爆化学危险物品及其他重要物品。

7. 通信联络的程序和措施。

通信联络预案中首先要利用电话、对讲机等建立有线、无线通信网络，确保火场信息传递畅通。火场指挥部、各行动组、各消防安全重点部位必须确定专人负责信息传递，保证火场指令得到及时传递、落实。必要时，还可指明重要的信号规定及标志的式样。

8. 安全防护救护的程序和措施。

（1）安全防护救护的程序。一是建筑外围安全防护。清除路障，疏导车辆和围观群众，确保消防通道畅通；维护现场秩序，严防趁火打劫；引导消防车就位停靠，协助消防车取水。二是建筑首层出入口安全防护。禁止无关人员进入起火建筑；对火场中疏散的物品进行规整并严加看管；指引公安消防人员进入起火部位。三是起火部位的安全防护。引导疏散人流，维护疏散秩序；阻止无关人员进入起火部位；防护好现场的消防器材、装备。

（2）安全防护救护的措施。预案中要明确不同区域的人员应分别采取的最低防护等级、防护手段和防护时机。

（二）预案编制与绘制要求

1. 编制要求。

编制灭火和应急疏散预案的要求：一是组织机构的设置要符合单位特点，并要明确各行动小组的职责，责任到人。二是报警和接警处置程序中应当明确如何接警、报警。三是应急疏散的组织程序和措施，应当明确规定发生火灾后如何通知相关人员、如何组织疏散、利用何种设施疏散。四是扑救初起火灾的程序和措施，应当规定火灾现场指挥员如何组织人员，如何利用灭火器材迅速扑救，并视火势蔓延的范围启动建筑消防设施，协助消防人员做好火灾扑救工作。五是通信联络、安全防护的程序和措施，应当预定火灾事故情况下的通信联络方式，保证通信联络畅通；同时要配备必要的医药用品，对受伤人员进行必要的救护，并及时通知医护人员赶赴火灾现场救护伤员。

2. 绘制要求。

灭火和应急疏散预案绘制时，应当力求详细准确，图文并茂，标注明确，直观明了。应针对火情预想部位制订灭火进攻和疏散路线平面图。平面图中的设备、物品、疏散通道、安全出口、灭火设施和器材分布位置应标注准确，火情预想部位及周围场所的名称应与实际相符。灭火进攻的方向，灭火装备停放位置，消防水源，物资、人员疏散路线，物资放置，人员停留地点以及指挥员位置，图中应标识明确，如图3－10所示。

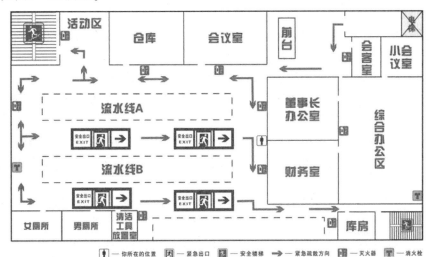

图3－10　某工厂灭火和应急疏散预案

（三）预案基本格式

灭火和应急疏散预案基本格式包括：

（1）封面，包括标题、单位名称、预案编号、实施日期、签发人和公章。

（2）目录。

（3）引言、概况。

（4）术语和符号。

（5）预案内容。

（6）附录。

二、灭火和应急疏散预案的演练

为使单位员工熟悉灭火和应急疏散预案，明确岗位职责，提高协同配合能力，对编制的灭火和应急疏散预案应定期开展演练。

（一）灭火和应急疏散预案演练的目的

（1）检验各级消防安全责任人、管理人、各职能组和有关人员对灭火和应急疏散预案内容、职责的熟悉程度。

（2）检验人员安全疏散、初起火灾扑救、消防设施使用等情况。

（3）检验本单位在紧急情况下的组织、指挥、通信、救护等方面的能力。

（4）检验灭火与应急疏散预案的实用性和可操作性。

（二）灭火和应急疏散预案演练的要求

（1）消防安全重点单位以及旅馆、商店、公共娱乐场所应当按照灭火和应急疏散预案，至少每半年组织一次演练，并结合实际，不断完善预案。

（2）其他单位和场所应当结合本单位实际，至少每年组织一次演练。

（3）组织演练前，可以根据需要对相关人员进行消防安全知识和预案内容的教育培训，使其掌握必要的消防知识，明确职责。

（4）消防演练时，应当设置明显标志并事先告知演练范围内的人员。

（5）宜选择人员集中、火灾危险性较大和重点部位作为消防演练的目标，根据实际情况确定火灾模拟形式。

（6）模拟火灾演练中应落实火源及烟气的控制措施，防止造成人员伤害。

（7）地铁、高度超过100m的多功能建筑等，应适时与公安消防队组织联合消防演练。

（8）演练结束后，应将消防设施恢复到正常运行状态，做好记录，并及时进行总结。

（9）消防演练方案可以报告当地公安机关消防机构，争取其业务指导。

（三）灭火和应急疏散预案演练的准备

灭火和应急疏散预案演练之前，应当做好下列准备工作。

1. 成立演练领导机构。

演练领导机构是演练准备与实施的指挥部门，对演练实施全面控制，其主要职责是：确定演练目的、原则、规模及参演的单位；确定演练的性质和方法；选定演练的时间、地点，协调各参演单位之间的关系；确定演练实施计划、情况设计与处置预案；审定演练准备工作计划；检查与指导演练准备工作，解决准备与实施过程中所发生的重大问题；组织演练；总结评价。

2. 制订演练计划。

（1）确定举办应急演练的目的、演练要解决的问题和期望达到的效果等。

（2）分析演练需求，确定参演人员、需锻炼的技能、需检验的设备、需完善的应急处置流程和进一步明确的职责等。

（3）确定演练范围，根据演练需求、经费、资源和时间等条件的限制，确定演练事件类型、等级、参演机构及人数、演练方式等。

（4）安排演练准备与实施的日程计划。包括各种演练文件编写与审定的期限、物资器材准备的期限、演练实施的日期等。

（5）编制演练经费预算，明确演练经费筹措渠道。

3. 演练动员与培训。

在演练开始前要进行演练动员和培训，使所有演练参与人员掌握演练规则、演练情景和各自在演练中的任务；对参演人员要进行应急预案、应急技能及个人防护装备使用等方面的培训；对控制人员要进行岗位职责、演练过程控制和管理等方面的培训；对评估人员要进行岗位职责、演练评估方法、工具使用等方面的培训。

4. 落实演练保障。

（1）人员保障。演练参与人员一般包括演练领导小组、总指挥、总策划、文案人员、控制人员、保障人员、参演人员、模拟人员、评估人员等。在演练的准备过程中，演练组织单位和参与单位应合理安排工作，保证相关人员参与演练活动的时间。

（2）经费保障。演练组织单位每年要根据演练规划编制应急演练经费预算，纳入该单位的年度财政预算，并按照演练需要及时拨付经费，确保演练经费专款专用、节约高效。

（3）场地保障。根据演练方式和内容，经现场勘查后选择合适的演练场地。演练场地应有足够的空间，保证指挥部、集结点、接待站、供应站、救护站、停车场等场地的需要，且应具有良好的交通、生活、卫生和安全条件，尽量避免干扰公众生产和生活。

（4）物资和器材保障。根据需要，准备必要的演练材料、物资和器材，制作必要的模型设施等，主要包括：信息材料、物资设备、通信器材、演练情景模型等。

（5）通信保障。应急演练过程中应急指挥机构、总策划、控制人员、参演人员、模拟人员等之间要有及时可靠的信息传递渠道。根据演练需要，可以采用多种公用或专用通信系统，必要时可组建演练专用通信与信息网络，确保演练控制信息的快速传递。

（6）安全保障。根据需要为演练人员配备个人防护装备。对可能影响公众生活、易于引起公众误解和恐慌的应急演练，应提前向社会发布公告，告示演练内容、时间、地点和组织单位，并做好应对方案。演练现场要有必要的安保措施，必要时对演练现场进行封闭或管制，保证演练安全进行。

（四）灭火和应急疏散预案演练的实施

灭火和应急疏散预案演练的实施分为以下几个阶段：

1. 演练启动阶段。

演练正式启动前一般要举行简短仪式，由演练总指挥宣布演练开始并启动演练活动。

2. 演练执行阶段。

（1）演练指挥与行动。演练总指挥负责演练实施全过程的指挥控制。当演练总指挥不兼任总策划时，一般由总指挥授权总策划对演练过程进行控制；按照演练方案要求，指挥机构指挥各参演队伍和人员，开展对模拟演练事件的应急处置行动，完成各项演练活动；演练控制人员应掌握演练方案，按总策划的要求，发布控制信息，协调参演人员完成各项演练任务；参演人员根据控制消息和指令，按照演练方案规定的程序开展应急处置行动，完成各项演练活动。

（2）演练过程控制。总策划负责按演练方案控制演练过程。在实战演练中，总策划按照演练方案发出控制消息，控制人员向参演人员和模拟人员传递控制消息。参演人员和模拟人员接收到信息后，按照发生真实事件时的应急处置程序，采取相应的应急处置行动。控制消息可由人工传递，也可以用对讲机、电话、手机等方式传送，演练过程中，控制人员应随时掌握演练进展情况，并向总策划报告演练中出现的各种问题。

（3）演练解说。在演练实施过程中，演练组织单位可以安排专人对演练过程进行解说。解说内容一般包括演练背景描述、进程讲解、案例介绍、环境渲染等。

（4）演练记录。演练实施过程中，一般要安排专门人员，采用文字、照片和音像等手段记录演练过程。主要包括演练实际开始与结束时间、演练过程控制情况，各项演练活动中参演人员的表现、意外情况及处置等内容。

（5）演练宣传报道。演练宣传组按照演练宣传方案做好演练宣传报道、信息采集、媒体组织、广播电视节目现场采编和播报等工作，扩大演练的宣传教育效果。对涉密应急演练要做好相关保密工作。

3. 演练结束与终止阶段。

演练完毕，由总策划发出结束信号，演练总指挥宣布演练结束。各参演部门应按规定的信号或指示停止演练动作，按预定方案集合进行现场总结讲评或者组织疏散。演练保障组负责清理和恢复演练现场，尽快撤出保障器材，尤其要仔细查明危险品的清除情况，绝不允许任何可能导致人员伤害的物品遗留在演练现场内。

演练实施过程中出现下列情况时，经演练领导小组决定，由演练总指挥按照事先规定的程序和指令终止演练：一是出现真实突发事件，需要参演人员参与应急处置时，要终止演练；二是出现特殊意外情况，短时间内不能妥善处理解决时，可提前终止演练。

（五）灭火和应急疏散预案演练的评估与总结

1. 演练评估。

灭火和应急疏散预案演练结束后，应对其演练活动进行评估。演练评估是在全面分析演练记录及相关资料的基础上，对比参演人员表现与演练目标要求，参照演练计划中所规定的各项具体指标，对演练活动及其组织过程等作出客观评价，并编写演练评估报告。评估报告的内容主要包括：演练执行情况、预案的合理性与可操作性、应急指挥人员的指挥协调能力、参演人员的处置能力、演练所用设备的适用性、演练目标的实现情况、演练的成本效益分析、对完善预案的建议等。

2. 演练总结。

灭火和应急疏散预案演练结束后，对其演练活动在评估的基础上，由文案组根据演练记录、演练评估报告、应急预案、现场总结等材料，对本次演练进行系统和全面的总结，并形成演练总结报告。总结报告的内容包括：演练目的、演练的时间和地点、参演单位和人员、演练方案概要、发现的问题与原因、总结的经验和教训以及改进有关工作的建议等。通过总结，固化好的做法，并对演练中暴露的问题，找出切实可行的解决办法，使灭火和应急疏散预案得到进一步充实和完善。

第十一节 火灾事故处置

单位一旦发生火灾事故，应当立即启动灭火和应急疏散预案，及时报火警，并通知所有在场人员立即疏散，实施初起火灾扑救，有序进行火灾事故处置，以最大限度地减少火灾造成的损失。

一、初起火灾扑救

（一）指导思想和基本原则

单位在扑救初起火灾时，应坚持"救人第一、科学施救"的指导思想，遵循先控制后消灭、先重点后一般的基本原则。

1. 救人第一，科学施救。

坚持"救人第一，科学施救"的指导思想，就是要求在火场遇到被火势围困的人员，单位的专（兼）职消防人员、微型消防站人员或志愿消防员等，应当立即组织营救受害人员，使其疏散到安全区域。注意运用这一原则，要根据火势情况和人员受火势威胁的程度而定。当灭火力量较强时，灭火和救人可以同时进行，但绝不能因灭火而贻误救人时机。人未救出之前，灭火是为了打开救人通道或减小火势对人员的威胁程度，从而更好地为救人创造条件。

2. 先控制后消灭。

"先控制后消灭"是指对于不可能立即扑灭的火灾，要首先控制火势的蔓延扩大，在具备了扑灭火灾的条件时，再展开全面进攻，一举扑灭。单位在组织扑救初起火灾时，应根据火情和自身战斗能力灵活把握"先控制后消灭"这一原则。对于能扑灭的火灾，要抓住战机，迅速扑灭。如火势较大，灭火力量相对薄弱，或因其他原因不能立即扑灭时，就要把主要力量放在控制火势发展或防止爆炸、泄漏等危险情况发生上，为公安消防队到场作战赢得时间，为彻底扑灭火灾创造有利条件。

3. 先重点后一般。

运用这一原则，要全面了解并认真分析火场的情况。人和物相比，救人是重点；贵重物资与一般物资相比，保护和抢救贵重物资是重点；有爆炸、毒害、倒塌危险的方面与没有这些危险的方面相比，处置爆炸、毒害、倒塌危险的方面是重点；火场上的下风方向与上风、侧风方向相比，下风方向是重点；可燃物集中区域与可燃物较少的区域相比，可燃物集中区域是保护重点；要害部位与其他部位相比，要害部位是火场上的重点。

（二）灭火行动组的组成

灭火行动组由单位的专职消防队、微型消防站或志愿消防队的人员组成。根据需要可以进一步细化为灭火器材小组、水枪灭火小组、物资疏散小组、操作消防设施组等。

（三）火灾扑救

1. 扑救的程序和措施。

扑救初起火灾的程序和措施，按照灭火和应急疏散预案编制时确定的程序和措施进行。

2. 常用消防器材的操作使用。

（1）灭火器的操作使用。

①手提式灭火器的操作使用。以干粉灭火器为例，使用灭火器灭火时，先将灭火器从设置点提至距离燃烧物 5m 左右处，然后扯掉保险机构的铅块、拔下保险销；而后一手握住开启压把，另一手握住喷筒，对准火焰根部，用力压下灭火器鸭嘴，灭火剂喷出灭火；随着灭火器喷射距离的缩短，操作者应逐渐向燃烧物靠近，如图 3-11 所示。应该指出，使用干粉灭火器前，先把灭火器上下颠倒几次，使筒内干粉松动；使用二氧化碳灭火器灭火时，手一定要握在喷筒木柄处，接触喷筒或金属管要佩戴防护手套，以防局部皮肤被冻伤。

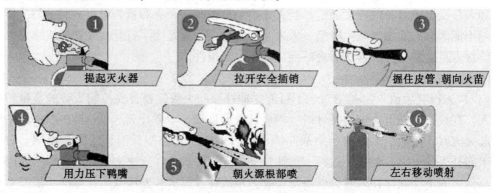

图 3-11　手提式灭火器的操作使用示意

②推车式灭火器的操作使用。以推车式干粉灭火器为例，使用时一般由两人操作，首先一人应将灭火器迅速拉或推到距着火点 5~8m 处，将灭火器放稳，然后拔出保险销，迅速旋转手轮或按下阀门到最大开度位置打开钢瓶；另一人取下喷枪，展开喷射软管，然后一只手握住喷枪枪管，将喷嘴对准火焰根部，另一只手钩动扳机，灭火剂喷出灭火；喷射时要沿火焰根部喷扫推进，直至把火扑灭；灭火后，放松手握开关压把，开关即自行关闭，喷射停止，同时关闭钢瓶上的启闭阀，如图 3-12 所示。

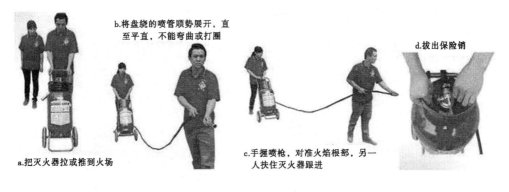

b.将盘绕的喷管顺势展开，直至平直，不能弯曲或打圈

d.拔出保险销

a.把灭火器拉或推到火场

c.手握喷枪，对准火焰根部，另一人扶住灭火器跟进

f.扣动喷枪开关，使灭火剂射向物体的火焰根部

e.提起手柄，打开阀门

图 3 – 12　推车式灭火器的操作使用示意

（2）室内消火栓的操作使用。如图 3 – 13 所示，发生火灾时，应迅速打开消火栓箱门，按下箱内火灾报警按钮，由其向消防控制室发出火灾报警信号，然后取出水枪，拉出水带，同时把水带接口一端与消火栓接口连接，另一端与水枪连接，展（甩）开水带，把室内消火栓手轮顺开启方向旋开，同时紧握水枪，通过水枪产生的射流实施灭火。灭火完毕后，关闭室内消火栓及所有阀门，将水带置于阴凉干燥处晾干后，按原水带安置方式置于栓箱内。

图 3 – 13　室内消火栓的操作使用示意

（3）手动火灾报警按钮的操作方法。手动火灾报警按钮的作用是确认火情和人工发出火警信号，当按下按钮 3~5s 时，手动火灾报警按钮上的火警确认灯会点亮，表示火灾报警控制器已经收到火警信号，并且确认了现场位置。手动火灾报警按钮按照其触发方式可分为两种：一种是可复位报警按钮（如图 3 – 14 所示），另

一种是玻璃破碎按钮（如图3-15所示）。可复位报警按钮使用时，推入报警按钮的玻璃触发报警，火警解除后可用专用工具进行复位。玻璃破碎报警按钮使用时，击碎玻璃触发报警。

图3-14　可复位报警按钮

图3-15　玻璃破碎报警按钮

3. 常见物质和场所的火灾扑救。

（1）电器火灾扑救。电器设备发生火灾，应首先关闭电源开关。开关未关闭时，要用干粉灭火器、二氧化碳灭火器等进行扑救，切不可直接用水扑救，防止触电伤亡事故。电视机着火时应从侧面扑救，以防显像管爆裂伤人。若附近没有灭火器材，也可用其他不燃材料，如阻燃织物等灭火，以防止火势扩大造成更大损失。若起火电器周围有可燃物，在场人员应及时将起火点周围的可燃物品搬移开，以防止扩大燃烧面积。

（2）厨房火灾扑救。厨房火灾扑救主要是针对可燃气体泄漏、可燃气体燃烧和油锅起火三种情况。

①可燃气体泄漏。当有可燃气体从灶具或管道、设备泄漏时，应立即关闭气源（关闭角阀或开关）、熄灭所有火源，同时打开门窗通风。

②可燃气体燃烧。当发现灶具有轻微的漏气着火现象时，应立即断开气源，并用少量干粉洒向火点灭火，或用湿抹布捂闷火点灭火。

③油锅起火。当油锅因温度过高发生自燃起火时，不要端锅，首先应迅速关闭气源，熄灭灶火，然后再将灭火毯或锅盖盖上即可灭火。如果厨房里有切好的蔬菜，可沿着锅的边缘倒入锅内，使着火烹饪物降温、窒息灭火，切忌不要用水流冲击灭火。如果油火撒在灶具上或地面上，可使用手提式灭火器扑救，或用湿抹布覆盖住起火的油锅，也能与锅盖起到异曲同工的灭火效果。

（3）宾馆客房火灾扑救。宾馆客房发生火灾时，应立即利用走道上设置的灭火器灭火，火势蔓延较大时，可利用走道设置的消防水喉或消火栓进行灭火。

（4）影剧院、礼堂火灾扑救。

①舞台部位着火的扑救。当舞台上悬挂的幕布起火时，应迅速砍断拉绳，将其放下，在地面用灭火器将火扑灭。当舞台上部开始燃烧时，灭火人员应首先启动舞

台口的水幕系统进行阻火，再利用观众厅两侧的室内消火栓各出一支水枪，堵截火势向观众厅方向蔓延，并立即打开上部高窗排烟，以利观众疏散。另外，利用后台室内消火栓再出一支水枪，堵截火势向后台、侧台蔓延。若火势太大，灭火人员又没有可靠的防护装备，应立即撤出阵地，协助疏散被困人员，等待消防队到场后，再协助扑救火灾。

②观众厅着火的扑救。扑救观众厅初起火灾的主要任务是堵截火势，防止火势向舞台、前厅及其他辅助房间蔓延。为此，可利用观众厅两侧的室内消火栓，出一支水枪从舞台天桥即闷顶和舞台的结合部设置阵地堵截火势，另出一支水枪在台口设置阵地，先将台口大幕浇湿，堵截火势从台口向舞台蔓延。

③放映室着火的扑救。当放映室着火时，放映员应立即使用干粉灭火器扑救，若火势未控制住，应先将墙上的放映孔和观察孔关闭，并利用前厅的室内消火栓出水枪堵截火势向观众厅蔓延，同时应部署力量从放映室两侧的房间堵截火势向两侧房间和前厅蔓延。

（5）公共娱乐场所火灾扑救。

①地面着火的扑救。若起火点在公共娱乐场所的地面部位，火势尚未蔓延到上部空间，在场员工应立即使用现场配置的灭火器灭火。若火势已扩大蔓延，应迅速利用附近的室内消火栓，出两支水枪控制火势，防止向隔壁房间和其他部位蔓延。

②闷顶着火的扑救。若是电气线路或灯具着火，应迅速关闭电源，并使用室内消火栓出水枪消灭闷顶暴露的火焰，并掩护被困人员进行疏散。

（6）商场火灾扑救。商场起火应尽快使用灭火器和消火栓灭火，同时，组织力量在起火层的上层和下层的楼口和自动扶梯开口，利用室内消火栓出水枪保护开口处，防止火势向上层或下层蔓延。若商场是中庭（天井）式的多层建筑，则应在起火层的上、下层靠近中庭侧，用水枪保护货柜和货架商品或者向其洒水，以延缓火势的蔓延。与此同时将起火点周围的柜台、货架搬走控制火势，防止向四周蔓延，等待消防队前来扑救。

二、火灾事故调查和处理

（一）协助火灾事故调查

火灾扑灭后，起火单位应当保护现场，接受事故调查，如实提供火灾事故的情况，协助公安机关消防机构调查火灾原因，核定火灾损失，查明火灾事故责任。未经公安机关消防机构同意，不得擅自清理火灾现场。

1. 保护火灾现场。

保护火灾现场是做好火灾调查工作的前提，火灾现场是提取、查证起火原因痕迹物证的重要场所，一旦遭到破坏，将直接影响起火原因的调查取证，甚至导致无法查明起火原因。因此，起火单位应当按照公安机关消防机构的要求，划定保护范围，组织单位员工配合公安机关消防机构对火灾现场进行警戒，阻止无关人员进入，不得擅自移动火场中的任何物品。未经公安机关消防机构同意，任何人不得擅自清理火灾现场。

2. 组织安排调查访问对象。

为了协助火灾事故调查组查明起火原因、分析事故责任、确定责任人员提供线索和证据，单位应当及时通知火灾事故目击者、知情人、有关工作人员参加调查访问，如实反映火灾事故真相。

3. 提供有关文件资料。

在火灾事故调查过程中，公安机关消防机构或火灾事故调查组可能需要通过查阅单位有关值班记录、消防安全管理等文件资料，从不同角度了解与火灾事故有关的问题，因此，单位应如实提供相关文件资料，不得隐匿、涂改和销毁原始资料。

4. 协助统计和核定火灾损失。

起火单位应当按照公安机关消防机构的要求，组织有关人员协助统计和核定火灾中人员伤亡及财产损失情况，并如实提供相关原始凭据和会计资料。

（二）接受火灾事故处理

火灾事故原因和责任查明后，起火单位及相关责任人除依法接受火灾事故追究外，起火单位还应当总结火灾事故教训，改进消防安全管理，防止再次发生火灾事故。

1. 火灾事故责任者的认定。

火灾事故责任者是指引发火灾事故并应承担相应责任的部门及个人。认定火灾事故责任者必须具备三个条件：一是有火灾事故发生；二是实施了某种行为；三是实施的行为与火灾事故之间存在关系。

2. 火灾事故责任的划分及追究。

（1）火灾事故责任的划分。按照火灾事故责任者的行为与火灾事故之间的关系，火灾事故责任划分为四类：一是直接责任，是指行为人直接导致火灾事故的发生、扩大和蔓延；二是间接责任，是指虽然没有直接导致火灾事故的发生，但是由于不履行或不正确履行自己的职责，而对火灾事故的发生、发展负有一定责任；三是直接领导责任，是指在其职责范围内，对直接主管的工作不负责任，不履行或者不正确履行职责，对造成的火灾事故负有主要领导责任；四是领导责任，是指在其职责范围内，对本单位或下属单位存在的火灾隐患失察或发现后纠正不力，以致发生火灾事故，对造成的火灾事故负有一定的领导责任。

（2）火灾事故责任追究。火灾事故责任认定清楚后，应遵循有错必究、有错必惩、教育与惩处相结合的原则，根据法律规定对相关责任者进行火灾事故责任追究。

第十二节　消防档案建设与管理

消防档案是单位在消防安全管理工作中，直接形成的文字、图表、声像等记载和反映单位消防安全基本情况和消防安全管理过程，按归档制度集中保管起来的文书及其相关材料。消防档案是单位的"户口簿"，是单位做好消防安全管理工作的一项基础性工作。建立健全消防档案，有利于强化单位消防安全管理工作的责任意识，推动单位的消防安全管理工作朝着规范化、制度化的方向发展。

一、消防档案的分类及内容

单位消防档案应当包括消防安全基本情况和消防安全管理情况两大类。

（一）消防安全基本情况的档案

消防安全基本情况档案，主要包括以下内容：

（1）单位基本概况和消防安全重点部位情况。

（2）建筑物或者场所施工、使用或者开业前的消防设计审核、消防验收以及消防安全检查的文件、资料。

（3）消防管理组织机构和各级消防安全责任人。

（4）消防安全制度。

（5）消防设施、灭火器材情况（主要包括消防设施平面布置图和系统图、灭火器材配置等原始技术资料、消防设施主要组件产品合格证明材料、系统使用说明书、系统调试记录等材料）。

（6）专职消防队、志愿消防队人员及其消防装备配备情况。

（7）与消防安全有关的重点工种人员情况。

（8）新增消防产品、防火材料的合格证明材料。

（9）灭火和应急疏散预案。

（二）消防安全管理情况的档案

消防安全管理情况档案，主要包括以下两项内容：一是公安机关消防机构依法填写制作的各类法律文书；二是有关消防安全管理工作的记录。

（1）公安消防机构填发的各种法律文书。

（2）消防设施的值班记录、巡查记录、检测记录、故障维修记录以及维护保养计划表、维护保养记录、自动消防控制室值班人员基本情况档案及培训记录、自动消防设施全面检查测试报告以及维修保养记录等。

（3）火灾隐患及整改情况记录。

（4）防火检查、巡查记录。

（5）有关燃气、电气设备检测（包括防雷、防静电）等记录资料。

（6）消防安全培训记录。

（7）灭火和应急疏散预案的演练记录。

（8）火灾情况记录。

（9）消防奖惩情况记录。

上述第（1）、（3）、（4）、（5）项记录，应当记明检查的人员、时间、部位、内容、发现的火灾隐患以及处理措施等；第（6）项记录，应当记明培训的时间、参加人员、内容等；第（7）项记录，应当记明演练的时间、地点、内容、参加部门以及人员等。

二、消防档案的建设与管理

（一）消防档案的建设

1. 消防档案的建设要求。

（1）消防安全重点单位应当建立健全消防档案。除按照规定建立纸质消防档案外，还应当在消防安全重点单位信息系统中建立本单位的电子消防档案。

（2）其他单位应当将本单位的基本概况、公安机关消防机构填发的各种法律文书、与消防工作有关的材料和记录等统一保管备查。

（3）消防档案应当翔实，全面反映单位消防工作的基本情况，并附有必要的图表、视听资料等。

（4）单位消防安全基本情况等发生变化时，应及时更新档案内容。

2. 消防档案建立步骤。

（1）材料收集。即要求消防安全管理人员将日常消防安全管理形成的分散档案材料收集起来，按照有关要求和格式，汇集归档形成消防档案。

（2）材料鉴定。即对收集上来的档案材料进行归档前的检查，检查其是否完整，判断材料是否属于消防档案内容，是否有保存价值。

（3）材料整理与立卷。即将收集并经过鉴定的材料按一定的规则、方法和程序进行分类、排列、登记目录、技术加工和装订，使之成为消防档案卷宗。

（4）登记存档。登记是对消防档案的收录、保管等情况，通过簿、册等形式加以记载，以显示档案数量和状况，它是维护档案的完整与安全的必要手段。存档是指收进档案库（柜）内，上架排列保管，以便利用。

（二）消防档案的管理

消防档案管理要做到以下几点：

（1）单位应当确定专门机构或人员、设立消防档案室或专柜集中保管消防档案。

（2）消防档案保管要妥善，防止遗失或损毁。特别是对录音带、录像带等电子数据存储介质要单独存放，符合防潮、隔热等要求。

（3）保存在电子计算机中的消防档案资料，以及消防设施控制设备中的消防工作资料和信息，属动态消防档案，要适时或定期进行备份，防止因病毒感染、计算机损坏等造成档案灭失。

（4）负责建立消防档案的承办机构或人员应当按照规定的期限和要求，及时将有关档案资料进行整理，装订后移送档案管理机构或人员存档。管理人员要对移送的档案资料进行检查核对，确认档案资料完整、规范，并进行登记造册。管理人员工作变动时，要及时办理消防档案交接手续。

（5）消防设施档案的保存期限应符合以下要求：消防设施施工安装、竣工验收以及验收技术检测等原始技术资料长期保存；消防控制室值班记录表和建筑消防设施巡查记录表的存档时间不少于1年；建筑消防设施检测记录表、建筑消防设施故障维修记录表、建筑消防设施维护保养计划表和建筑消防设施维护保养记录表的存档时间不少于5年。超过保存期限的要按有关规定进行集中销毁。

（6）严格消防档案的借阅管理，明确借阅期限，办理借阅手续。

练 习 题

一、单项选择题

1. ____应经过消防职业资格认证，持证上岗。 （ ）
A. 消防安全责任人　　　　　　B. 消防安全管理人
C. 消防控制室操作人员　　　　D. 消防安全巡查人员

2. 下列不属于单位消防安全操作规程的是____。 （ ）
A. 电焊操作规程　　　　　　　B. 变配电设备操作规程
C. 生产安全操作规程　　　　　D. 消防设施检测操作规程

3. 消防安全重点单位对每名员工应当至少____进行一次消防安全教育培训。 （ ）
A. 每半年　　　　　　　　　　B. 每季度
C. 每年　　　　　　　　　　　D. 每两年

4. 下列不属于消防安全重点单位的是____。 （ ）
A. 公共的体育场（馆）、会堂
B. 建筑面积在200m²以上的公共娱乐场所
C. 学校住宿床位在80张以下的学校
D. 县级以上的党委、人大、政府、政协

5. 人员密集场所应当定期开展全员消防教育培训，提高全员消防安全意识和消防安全能力。下列能力中，不属于员工通过教育培训必须具备的消防安全能力的是____。 （ ）
A. 检查和消除火灾隐患的能力　　B. 扑救初起火灾的能力
C. 组织人员疏散逃生的能力　　　D. 救援被困人员的能力

6. 要对安全出口是否锁闭实施检查，应采取____检查手段。 （ ）
A. 询问了解　　　　　　　　　B. 查阅资料
C. 实地察看　　　　　　　　　D. 仪器检测

7. 公众聚集场所至少____对员工进行一次消防安全培训。 （ ）

A. 每两年　　　　　　　　　　　　B. 每一年

C. 每半年　　　　　　　　　　　　D. 每季度

8. 公众聚集场所营业期间应至少每____h进行一次防火巡查。　　　　　（　　）

A. 1　　　　　　　B. 2　　　　　　　　C. 3　　　　　　D. 4

9. 消防控制室必须实行每日____h专人值班制度，每班不应少于____人。　　　（　　）

A. 12，1　　　　　B. 12，2　　　　　　C. 24，1　　　　D. 24，2

10. 以下内容不属于单位消防安全管理情况档案的是____。　　　　　　　　（　　）

A. 火灾隐患及其整改情况记录

B. 防火检查、巡查记录

C. 灭火和应急疏散预案的演练记录

D. 消防设施、灭火器材情况

二、多项选择题

1. 下列对单位消防安全管理职责描述正确的是____。　　　　　　　　　　　（　　）

A. 同一建筑物由两个以上单位管理或者使用的，应当明确各方的消防安全职责

B. 承包、承租或者受委托经营的单位应当承担全部的消防安全责任

C. 住宅区的物业服务企业应对管理区域内共用消防设施进行维护管理

D. 消防安全重点单位应当建立消防档案

E. 对建筑消防设施每年至少进行一次全面检测，确保完好有效

2. 以下关于灭火和应急疏散预案描述不正确的是____。　　　　　　　　　（　　）

A. 所有单位必须制订灭火和应急疏散预案

B. 消防安全重点单位应每年按照预案组织一次演练

C. 预案演练时，为了达到效果事先不能告知人员演练的范围

D. 演练结束后要根据发现的问题进一步完善预案

E. 单位灭火和应急疏散预案的组织机构应包括灭火行动组、疏散引导组、安全防护救护组

3. 下列属于消防安全管理人职责的是____。　　　　　　　　　　　　　　（　　）

A. 拟定年度消防工作计划，组织实施日常消防安全管理工作

B. 组织制定消防安全管理制度和保障消防安全的操作规程并检查督促其落实

C. 将消防工作与本单位的生产、科研、经营、管理等活动统筹安排，批准实施年度消防工作计划

D. 拟定消防安全工作的资金投入和组织保障方案

E. 组织实施防火检查和火灾隐患整改工作

4. 针对人员密集场所存在的下列火灾隐患情况，根据《重大火灾隐患判定方法》（GA 653 -2006）的规定，可判定为重大火灾隐患要素的有____。　　　　　　　（　　）

A. 火灾自动报警系统处于故障状态，不能恢复正常运行

B. 一个防火分区设置的6个防火门有2个损坏

C. 设置的防烟系统不能正常使用

D. 安全出口被封堵

E. 商场营业厅内的疏散距离超过规定距离的20%

5. 保鲜恒温库及简易生产车间属于消防安全重点部位。根据消防安全重点部位管理的有关规定，应该采取的必备措施有____。 （ ）

    A. 设置自动灭火设施

    B. 设置明显的防火标志

    C. 严格管理，定期重点巡查

    D. 制订和完善事故应急处置方案

    E. 采用电气防爆措施

6. 灭火和应急疏散预案中组织机构应包括____。 （ ）

    A. 组织指挥组

    B. 灭火行动组

    C. 后勤保障组

    D. 疏散引导组

    E. 安全防护救护组

7. ____单位应当建立单位专职消防队，承担本单位的火灾扑救工作。 （ ）

    A. 大型核设施单位、大型发电厂、民用机场、主要港口

    B. 生产、储存易燃易爆危险品的企业

    C. 储备可燃的重要物资的大型仓库、基地

    D. 火灾危险性较大、距离公安消防队较远的其他大型企业

    E. 距离公安消防队较远、被列为全国重点文物保护单位的古建筑群的管理单位

8. 下列____属于单位消防安全责任人应当履行的消防安全职责。 （ ）

    A. 贯彻执行消防法规，保障单位消防安全符合规定，掌握本单位的消防安全情况

    B. 为本单位的消防安全提供必要的经费和组织保障

    C. 逐级确定消防安全责任，批准实施消防安全制度和保障消防安全的操作规程

    D. 组织防火检查，督促落实火灾隐患整改，及时处理涉及消防安全的重大问题

    E. 组织管理专职消防队、志愿消防队

9. 下列属于消防设施操作人员职责的是____。 （ ）

    A. 熟悉和掌握消防设施的功能和操作规程

    B. 按照管理制度和操作规程等对消防设施进行检查、维护和保养，保证消防设施和消防电源处于正常运行状态，确保有关阀门处于正确位置

    C. 熟悉和掌握消防控制室设备的功能及操作规程

    D. 发现故障应及时排除，不能排除的应及时向上级主管人员报告

    E. 做好运行、操作和故障记录

10. 下列关于用火、动火安全管理说法正确的是____。 （ ）

    A. 公众聚集场所禁止在营业时间进行动火施工

    B. 公众聚集的室内场所严禁燃放烟花、焰火，不得进行以喷火为内容的表演

    C. 演出、放映场所需要使用明火效果时，应落实相关的防火措施

    D. 旅馆、餐饮场所、医院、学校等厨房的烟道应至少每年清洗一次

    E. 人员密集场所不应使用明火照明或取暖，如特殊情况需要时应有专人看护

三、判断题 （正确的请在括号内打"√"，错误的请在括号内打"×"）

1. 单位可以根据需要确定本单位的消防安全管理人，消防安全管理人对单位的消防安全责任人负责。 （　　）

2. 单位应当设置或者确定消防工作的归口管理职能部门，并确定专职或者兼职的消防管理人员。 （　　）

3. 机关、团体、企业、事业等单位以及村民委员会、居民委员会根据需要建立志愿消防队等多种形式的消防组织，开展群众性自防自救工作。 （　　）

4. 建筑面积在500m²（含本数）以上且经营可燃商品的商场（商店、市场）属于消防安全重点单位。 （　　）

5. 单位应当将容易发生火灾的部位确定为消防安全重点部位，设置明显的防火标志，实行严格管理。 （　　）

6. 电器产品、燃气用具的安装、使用及其线路、管路的设计、敷设、维护保养、检测，应当符合消防安全的要求。 （　　）

7. 具有消防联动功能的火灾自动报警系统的保护对象中应设置消防控制室。 （　　）

8. 机关、团体、事业单位应当至少每半年进行一次防火检查。 （　　）

9. 消防设施未保持完好有效的，可以将其确定为火灾隐患。 （　　）

10. 住宅区的物业服务企业应当对管理区域内的消防设施进行维护管理，提供消防安全防范服务。 （　　）

第四章　消防设施与器材的维护管理

【内容提要】本章阐述了消防设施与器材的类型和用途、组成和工作原理以及维护与保养等内容。通过学习，读者应知晓常见消防设施与器材的类型和用途、组成和工作原理，掌握消防设施与器材巡查、维修、保养等维护管理的内容及要求。

消防设施指火灾自动报警系统、自动灭火系统、消火栓给水系统、防排烟系统以及应急广播和应急照明、安全疏散设施等。消防器材指灭火器、灭火毯等移动式灭火器材以及辅助逃生设备等。消防设施与器材主要用于建（构）筑物的火灾报警、灭火、人员疏散、防火分隔及灭火救援行动，其是否保持完好有效，对确保建（构）筑物消防安全具有十分重要的作用。因此，建筑物产权、管理和使用单位应按照国家有关法律法规加强消防设施与器材的维护管理。

第一节　消防设施与器材简介

一、火灾自动报警系统

火灾自动报警系统是指探测火灾早期特征，发出火灾报警信号，为人员疏散、防止火灾蔓延和启动自动灭火设备提供控制与指示的消防系统。火灾自动报警系统可用于人员居住和经常有人滞留的场所、存放重要物资或燃烧后产生严重污染需要及时报警的场所。是否设置该系统，应严格执行有关国家工程建设消防技术标准。

（一）系统的形式

火灾自动报警系统有以下三种形式：

1. 区域报警系统。

区域报警系统由火灾探测器、手动火灾报警按钮、火灾声光警报器及火灾报警控制器等组成。仅需要报警，不需要联动自动消防设备的保护对象宜采用区域报警系统。

2. 集中报警系统。

集中报警系统由火灾探测器、手动火灾报警按钮、火灾声光警报器、消防应急广播、消防专用电话、消防控制室图形显示装置、火灾报警控制器及消防联动控制器等组成。对于不仅需要报警，还需要联动自动消防设备，且只设置一台具有集中控制功能的火灾报警控制器和消防联动控制器的保护对象，应采用集中报警系统，并应设置一个消防控制室。

3. 控制中心报警系统。

控制中心报警系统由火灾探测器、手动火灾报警按钮、火灾声光警报器、消防应急广播、消防专用电话、消防控制室图形显示装置、火灾报警控制器及消防联动控制器等组成，且包含2个及2个以上集中报警系统。设置2个及以上消防控制室的保护对象，或已设置2个及以上集中报警系统的保护对象，一般采用控制中心报警系统。

（二）系统的组成及工作原理

火灾自动报警系统分为火灾探测报警系统、消防联动控制系统、可燃气体探测报警系统及电气火灾监控系统4个子系统。

1. 火灾探测报警系统的组成及工作原理。

火灾探测报警系统能及时、准确地探测被保护对象的初起火灾，并做出报警响应，从而使建筑物中的人员有足够的时间在火灾尚未发展蔓延到危害生命安全的程度时疏散至安全地带，是保障人员生命安全的最基本的建筑消防系统。该系统由触发器件（火灾探测器和手动火灾报警按钮）、火灾报警控制器和火灾警报装置等组成，如图4-1所示。其工作原理是：平时安装在建筑物内的火灾探测器实时监测被警戒的保护区域。当某一被监视场所着火，安装在保护区域现场的火灾探测器会将火灾产生的烟雾、热量和光辐射等火灾特征参数转变为电信号，经数据处理后，火灾特征参数信息被传输至火灾报警控制器，或直接由火灾探测器做出火灾报警判断后，将报警信息传输到火灾报警控制器，控制器将此信号与现场正常状态整定信号进行比较。若确认是火灾，则输出两回路信号：一路指令声光显示装置动作，发出音响报警，显示火灾现场地址，并记录第一次报警时间；另一路则指令设于现场的执行器对其他自动消防设施进行联动控制，使整个消防自动控制系统工作，以便及时完成灭火救灾。为了防止系统失控或执行器中组件、阀门失灵而贻误救火时机，现场附近还设有手动开关，用以手动报警以及控制执行器动作，以便及时扑灭火灾。

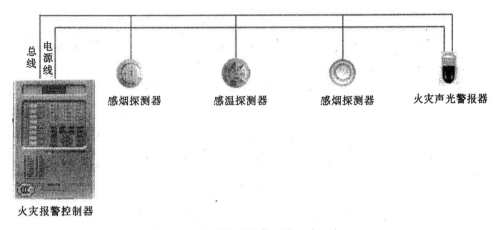

图 4 - 1 火灾探测报警系统组成示意

2. 消防联动控制系统的组成及工作原理。

消防联动控制系统主要是由消防联动控制器、消防控制室图形显示装置、消防电气控制装置（防火卷帘控制器、气体灭火控制器等）、消防电动装置、消防联动模块、消火栓按钮、消防应急广播设备及消防电话等设备和组件组成，如图 4 - 2 所示。该系统的工作原理是：火灾发生时，火灾探测器和手动火灾报警按钮的报警信号等联动触发信号传输至消防联动控制器，消防联动控制器按照预设的逻辑关系对接收到的触发信号进行识别判断，在满足逻辑关系条件时，消防联动控制器按照预设的控制时序启动相应消防设施，实现预设的消防功能。消防控制室的值班人员也可以通过操作消防联动控制器的手动控制盘直接启动相应的消防设施，从而实现相应消防设备预设的消防功能，消防联动控制器接收并显示消防设施动作的反馈信息。

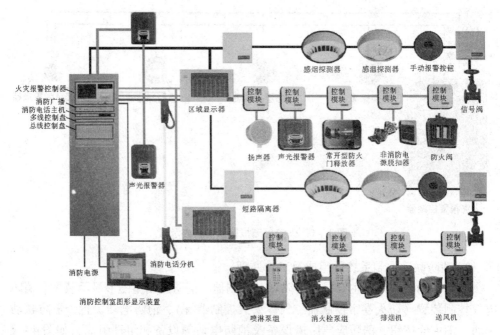

图 4-2　消防联动控制系统组成示意

3. 可燃气体探测报警系统的组成及工作原理。

可燃气体探测报警系统由可燃气体报警控制器、可燃气体探测器和火灾声光警报器组成。该系统能够在保护区域内泄漏可燃气体的浓度低于爆炸下限的条件下提前报警，从而预防由可燃气体泄漏引发的火灾和爆炸事故的发生。其工作原理是：发生可燃气体泄漏时，安装在保护区域现场的可燃气体探测器将泄漏可燃气体的浓度参数转变为电信号，经数据处理后，可燃气体浓度参数信息被传输至可燃气体报警控制器，或直接由可燃气体探测器做出泄漏可燃气体浓度超限报警判断后，将报警信息传输至可燃气体报警控制器。可燃气体报警控制器在接收到探测器的可燃气体浓度参数信息或报警信息后，经报警确认判断，显示泄漏报警探测器的部位并发出泄漏可燃气体浓度信息，记录探测器报警的时间，同时驱动安装在保护区域现场的声光警报装置，发出声光警报，警示人员采取相应的处置措施。必要时，可以控制并关断燃气阀门，防止燃气的进一步泄漏。

4. 电气火灾监控系统的组成及工作原理。

电气火灾监控系统由电气火灾监控器、电气火灾监控探测器组成。该系统能在发生电气故障，产生一定电气火灾隐患的条件下发出报警，提醒专业人员排除电气火灾隐患，实现电气火灾的早期预防，避免电气火灾的发生，属于火灾预警系统。其工作原理是：发生电气故障时，电气火灾监控探测器将保护线路中的剩余电流、温度等电气故障参数信息转变为电信号，经数据处理后，探测器做出报警判断，将报警信息传输到电气火灾监控器；电气火灾监控器在接收到探测器的报警信息后，经报警确认判断，显示电气故障报警探测器的部位信息，记录探测器报警的时间，同时驱动安装在保护区域现场的声光警报装置发出声光警报，警示人员采取相应的处置措施，排除电气故障，消除电气火灾隐患，防止电气火灾的发生。

二、消火栓系统

消火栓系统是设置最广泛的一种消防设施，它分为市政消火栓系统、室外消火栓系统和室内消火栓系统三种类型。下面仅重点介绍室外、室内消火栓系统。

（一）室外消火栓系统

室外消火栓系统是指设置在建筑物外墙外的消防给水系统，主要承担居住区或工矿企业等室外部分的消防给水任务。

1. 系统的组成。

室外消火栓系统主要由消防水源、消防供水设备、室外消防给水管网和室外消火栓设备（如图 4-3 所示）等组成。

（a）地上式消火栓　　　　（b）地下式消火栓

图 4-3　室外消火栓

2. 系统的类型。

室外消火栓系统按水压的不同分为以下三种类型：

（1）常高压消防给水系统：是指能始终保持满足水灭火设施所需的系统工作压力和流量，火灾时无须消防水泵直接加压的系统。

（2）临时高压消防给水系统：是指平时不能满足水灭火设施所需的系统工作压力和流量，但火灾时能直接自动启动消防水泵以满足水灭火设施所需的压力和流量的系统。

（3）低压消防给水系统：是指能满足消防车或手抬泵等取水所需、从地面算起不应小于 0.10MPa 的压力和流量的系统。

（二）室内消火栓系统

室内消火栓系统是建（构）筑物设置最广泛的一种主要灭火系统。

1. 系统的组成及工作原理。

室内消火栓系统主要由消防水源、供水设备、室内消防给水管网、室内消火栓设备等组成，如图4-4、图4-5所示。其工作原理是：发生火灾后，由人打开消火栓箱门，按动火灾报警按钮，向消防控制室发出火灾报警信号，然后迅速拉出水带、水枪（或消防水喉），开启消火栓手轮，通过水枪（或水喉）产生的射流将水射向着火点实施灭火。

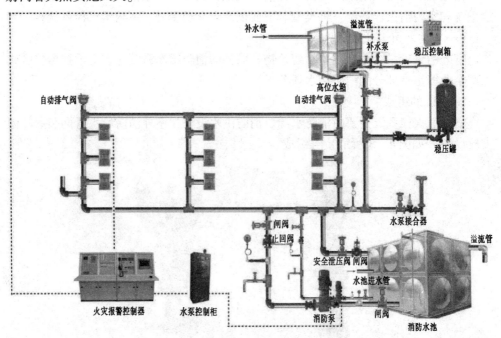

图4-4　室内消火栓给水系统组成示意

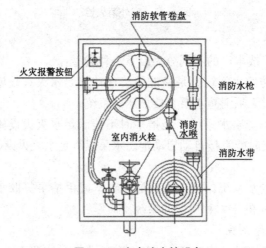

图4-5　室内消火栓设备

2. 系统的类型。

按压力高低不同，室内消火栓系统分为以下两种类型：

（1）常高压消防给水系统：是指能始终保持满足水灭火设施所需的系统工作压力和流量，火灾时无须消防水泵直接加压的系统。

（2）临时高压消防给水系统：是指平时不能满足水灭火设施所需的系统工作压力和流量，但火灾时能直接自动启动消防水泵以满足水灭火设施所需的压力和流量的系统。

三、自动喷水灭火系统

自动喷水灭火系统是指由洒水喷头（如图 4-6 所示）、报警阀组、水流报警装置（水流指示器或压力开关）等组件以及管道、供水设施组成的，能在发生火灾时喷水灭火的自动灭火系统。自动喷水灭火系统是扑救建筑物初起火灾最有效的消防设施。该系统有湿式系统、干式系统、预作用系统、雨淋系统、水幕系统和自动喷水—泡沫联用系统等类型，以适应不同保护对象的需要，其中湿式系统是最基本的系统形式，应用最为广泛。

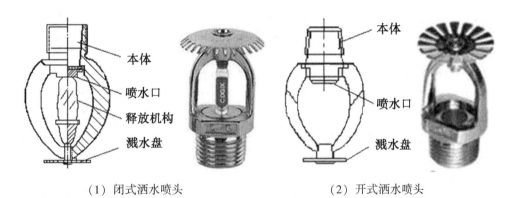

（1）闭式洒水喷头　　　　　　　　（2）开式洒水喷头

图 4-6　洒水喷头

（一）湿式系统

湿式系统是指准工作状态时管道内充满用于启动系统的有压水的闭式系统。

1. 系统的组成及工作原理。

湿式系统由闭式喷头、湿式报警阀组、管道系统、水流指示器、报警控制装置和末端试水装置、给水设备等组成，如图 4-7 所示。该系统的工作原理是：当防护区发生火灾，火源周围环境温度上升，火焰或高温气流使闭式喷头的热敏感元件动作，喷头开启喷水灭火时，水流指示器由于水的流动被感应并送出电信号，在报警控制器上显示某一区域已在喷水；由于湿式报警阀阀后的配水管道内的水压下降，使原来处于关闭状态的湿式报警阀开启，压力水流向配水管道；随着报警阀的开启，报警信号管路开通，压力水冲击水力警铃发出声响报警信号，同时安装在管路上的压力开关接通并发出相应的电信号，直接或通过消防控制室自动启动消防水泵向系统加压供水，达到持续自动喷水灭火的目的。

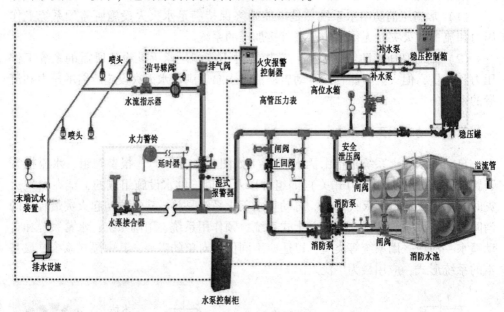

图 4-7　湿式系统组成示意

2. 系统的适用范围。

湿式系统适用于环境温度不低于 4℃ 且不高于 70℃ 的建（构）筑物。

（二）干式系统

干式系统是指准工作状态时配水管道内充满用于启动系统的有压气体的闭式系统。

1. 系统的组成及工作原理。

干式系统主要由闭式喷头、管网、干式报警阀组、充气设备、报警控制装置和末端试水装置、给水设施组成，如图 4-8 所示。其工作原理是：平时，干式报警阀阀后配水管道及喷头内充满有压气体，用充气设备维持报警阀内气压大于水压，将水隔断在干式报警阀阀前，干式报警阀处于关闭状态。当防护区发生火灾时，闭式喷头受热开启，首先喷出气体，排出管网中的压缩空气，于是报警阀阀后管网压力下降，干式报警阀阀前的压力大于阀后压力，干式报警阀开启，水流向配水管网，并通过已开启的喷头喷水灭火。在干式报警阀打开的同时，报警信号管路也被打开，水流推动水力警铃和压力开关发出声响报警信号并启动消防水泵加压供水。干式系统的主要工作过程与湿式系统无本质区别，只是在喷头动作后有一个排气过程，这将影响灭火的速度和效果。因此，为使压力水迅速进入充气管网，缩短排气时间，及早喷水灭火，干式系统的配水管道应设快速排气阀。

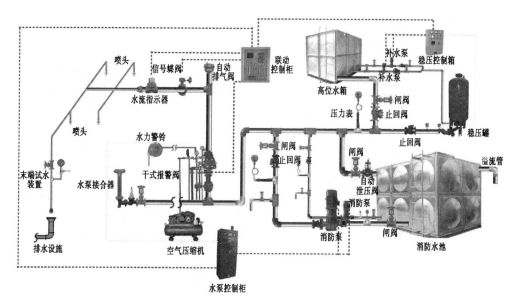

图 4 - 8　干式系统组成示意

2. 系统的适用范围。

干式系统适用于环境温度低于 4℃ 或高于 70℃ 的建（构）筑物。

（三）预作用系统

预作用系统是指准工作状态时配水管道内不充水，由火灾自动报警系统自动开启雨淋报警阀后，转换为湿式系统的闭式系统。

1. 系统的组成及工作原理。

预作用系统主要由闭式喷头、预作用报警阀组或雨淋阀组、充气设备、管道系统、给水设备和火灾探测报警控制装置等组成，如图 4 - 9 所示。其工作原理是：该系统准工作状态时配水管道内不充水，充以有压或无压气体，呈干式状态。当防护区发生火灾时，由火灾探测系统自动开启预作用阀组或雨淋阀以及用于排气的电磁阀，此时系统开始排气并充水，迅速自动转换成湿式系统，完成预作用过程，待闭式喷头开启后，便即刻喷水灭火。该系统兼容了湿式系统和干式系统的共同优点，且能在喷头动作之前进行早期报警，实现故障自动监测。

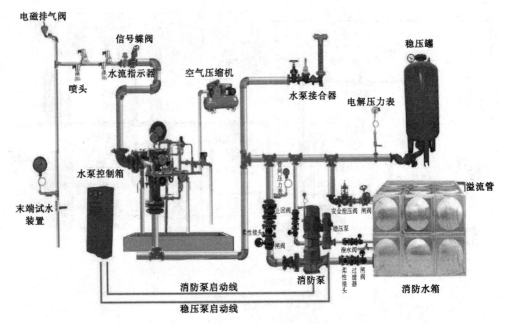

图 4 - 9 预作用系统组成示意

2. 系统的适用范围。

具有下列要求之一的场所应采用预作用系统：系统处于准工作状态时，严禁管道漏水；严禁系统误喷；替代干式系统。

（四）自动喷水—泡沫联用系统

1. 系统的组成及工作原理。

自动喷水—泡沫联用系统主要由自动喷水灭火系统和泡沫混合液供给装置、泡沫液输送管网和火灾探测控制装置等部件组成。工作原理是：平时，系统处于关闭状态。当防护区发生火灾时，火灾探测系统将火灾信号反馈至控制中心，控制中心经判断后发出指令，打开雨淋阀控制管路上的电磁阀，雨淋阀压力腔泄压，雨淋阀开启，之后位于其报警管路的水力警铃和压力开关均会动作。同时泡沫比例混合装置上的泡沫液控制阀打开，带有压力的泡沫混合液经雨淋阀进入系统管网，通过喷头喷洒灭火。此时由于雨淋阀控制管路上的电磁阀具有自锁功能，所以雨淋阀被锁定为开启状态（无论电磁阀此时是否已断电），灭火后，按下控制面板上泡沫液控制阀关闭按钮，手动将电磁阀复位，稍后雨淋阀将自行复位。

2. 系统的适用范围。

存在较多易燃液体的场所，宜按下列方式之一采用自动喷水—泡沫联用系统：采用泡沫灭火剂强化闭式系统性能；雨淋系统前期喷水控火，后期喷泡沫强化灭火效能；雨淋系统前期喷泡沫灭火，后期喷水冷却防止复燃。

（五）雨淋系统

雨淋系统是指由火灾自动报警系统或传动管控制，自动开启雨淋报警阀和启动供水泵后，向开式洒水喷头供水的自动喷水灭火系统。

1. 系统的组成及工作原理。

雨淋系统由开式喷头、雨淋报警阀组、火灾探测控制系统、管道以及供水设施等组成，如图 4－10 所示。雨淋阀入口侧与进水管相通并充满水，出口侧接喷水灭火管路。平时雨淋阀处于关闭状态。其工作原理是：当防护区发生火灾时，雨淋阀的火灾探测控制系统探测到火灾信号后，通过传动阀门自动地释放掉传动管网中有压力的水，使传动管网中的水压骤然降低，于是雨淋阀在进水管的水压推动下瞬间自动开启，压力水便立即充满灭火管网，供系统上所有开式喷头同时喷水，在瞬间喷出大量的水，覆盖或阻隔整个火区，实现对保护区的整体灭火或控火。

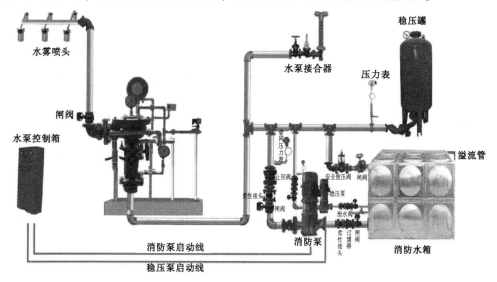

图 4－10　雨淋系统组成示意

2. 系统的适用范围。

具有下列条件之一的场所应采用雨淋系统：火灾的水平蔓延速度快、闭式喷头的开放不能及时使喷水有效覆盖着火区域；室内净空高度超过闭式系统最大允许净空高度，且必须迅速扑救初起火灾；火灾严重危险级Ⅱ级。

（六）水幕系统

1. 系统的组成及工作原理。

水幕系统是指由开式洒水喷头或水幕喷头、雨淋报警阀组或感温雨淋阀以及水流报警装置（水流指示器或压力开关）等组成。其工作原理是：当发生火灾时，由火灾探测器或人工发现火灾，电动或手动开启控制阀，然后系统通过水幕喷头喷水，用于挡烟阻火和冷却分隔物的喷水系统。

2. 系统的适用范围。

水幕系统适于在下列部位设置：设置于防火卷帘或防火幕等简易防火分隔物的上部；不能用防火墙分隔的开口部位（如舞台口）；相邻建筑物之间的防火间距不能满足要求时，建筑物外墙上的门、窗、洞口处；石油化工企业中的防火分区或生产装置设备之间。

四、气体灭火系统

气体灭火系统是以某些气体作为灭火介质，通过这些气体在整个防护区或保护对象周围的局部区域建立起灭火浓度来实现灭火的。该系统通常用于保护大型计算机房、邮电通信机房、广播电视通信机房、资料档案库、图书馆珍藏库、金融机构保管库等场所。

（一）系统的类型

（1）气体灭火系统按充装的灭火剂不同，分为二氧化碳灭火系统、IG541 灭火系统、七氟丙烷灭火系统及热气溶胶灭火系统。

（2）气体灭火系统按灭火系统的结构特点不同，分为管网灭火系统和无管网灭火装置（也称预制灭火系统）。

（3）气体灭火系统按防护区的特征和灭火方式不同，分为全淹没灭火系统和局部应用灭火系统。

（4）气体灭火系统按一套灭火剂贮存装置保护的防护区的数量不同，分为单元独立系统和组合分配系统。

（二）系统的组成及工作原理

气体灭火系统由灭火剂储存装置、启动分配装置、输送释放装置、监控装置等组成，如图 4 - 11 所示。其工作原理是：防护区一旦发生火灾，首先火灾探测器报警，消防控制室接到火灾信号后，启动联动装置（关闭开口、停止空调等），延时约 30s 后，打开启动气瓶的瓶头阀，利用气瓶中的高压氮气将灭火剂储存容器上的容器阀打开，灭火剂经管道输送到喷头喷出实施灭火。这中间的延时是考虑防护区内人员的疏散。另外，通过压力开关监测系统是否正常工作，若启动指令发出，而压力开关的信号迟迟不返回，则说明系统故障，值班人员接到事故报警，应尽快到储瓶间手动开启储存容器上的容器阀，实施人工启动灭火。

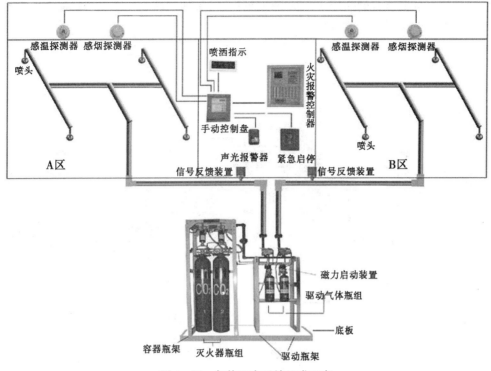

图 4-11 气体灭火系统组成示意

五、泡沫灭火系统

泡沫灭火系统是石油化工行业应用最为广泛的灭火系统，主要用于扑救可燃液体火灾，也可用于扑救固体物质火灾。

（一）系统的组成及工作原理

泡沫灭火系统主要由消防泵（消防水泵、泡沫混合液泵、泡沫液泵）、泡沫液储罐、泡沫比例混合器装置、泡沫产生装置、控制阀门及管道等组成。其工作原理是：通过泡沫比例混合器装置将泡沫液与水按比例混合成泡沫混合液，再经泡沫产生装置生成泡沫，施加到着火对象上实施灭火。

（二）系统的类型

泡沫灭火系统按照所产生泡沫的倍数不同，可分为低倍数泡沫灭火系统、中倍数泡沫灭火系统和高倍数泡沫灭火系统三种类型。

1. 低倍数泡沫灭火系统。

低倍数泡沫灭火系统是指系统产生的灭火泡沫的倍数低于 20 的系统。该系统的主要灭火机理是通过泡沫的遮盖作用，将燃烧液体与空气隔离实现灭火。按其应用场所及泡沫产生装置的不同，该系统又有以下形式：

（1）液上喷射泡沫灭火系统。液上喷射泡沫灭火系统是指将泡沫产生装置产生的泡沫在导流装置的作用下，从燃烧液体上方施加到燃烧液体表面实现灭火的系统，如图4-12所示。该系统适用于各类非水溶性甲、乙、丙类液体储罐和水溶性甲、乙、丙类液体的固定顶或内浮顶储罐。

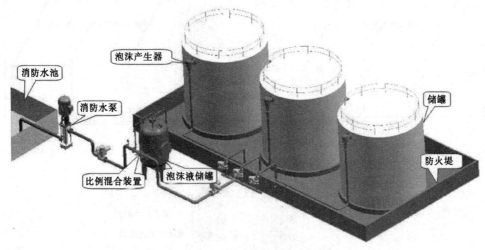

图4-12　液上喷射泡沫灭火系统示意

（2）液下喷射泡沫灭火系统。液下喷射泡沫灭火系统是指将高背压泡沫产生器产生的泡沫通过泡沫喷射管从燃烧液体液面下输送到储罐内，泡沫在初始动能和浮力的作用下上浮到燃烧液面实施灭火的系统，如图4-13所示。液下喷射系统适用于非水溶性液体固定顶储罐，不适用于水溶性液体和其他对普通泡沫有破坏作用的甲、乙、丙类液体固定顶储罐，也不适用于外浮顶和内浮顶储罐，因为浮顶会阻碍泡沫的正常分布。

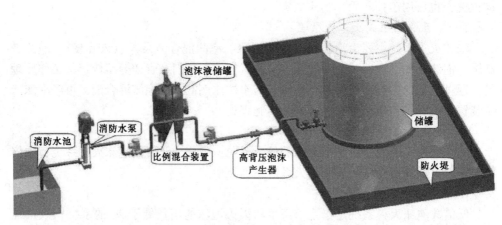

图4-13　液下喷射泡沫灭火系统示意

（3）半液下喷射泡沫灭火系统。半液下喷射泡沫灭火系统是指将一轻质软带卷存于液下喷射管上的软管筒内，使用时，在泡沫压力和浮力的作用下软管漂浮到燃烧液表面，使泡沫从燃烧液表面上释放出来实现灭火，如图4-14所示。该系统适用于甲、乙、丙类可燃液体固定顶储罐，不适用于外浮顶和内浮顶储罐。

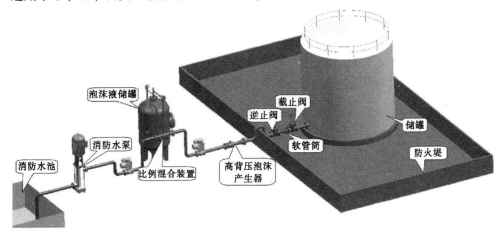

图4-14　半液下喷射泡沫灭火系统示意

（4）泡沫—喷淋灭火系统。泡沫—喷淋灭火系统是指由喷头、报警阀组、水流报警装置（水流指示器或压力开关）等组件，以及管道、泡沫液与水供给设施组成，能在发生火灾时按预定时间与供给强度向防护区依次喷洒泡沫与水的自动灭火系统。

（5）泡沫炮灭火系统。泡沫炮灭火系统是一种以泡沫炮为泡沫产生与喷射装置的低倍数泡沫系统，有固定式与移动式之分。固定泡沫炮系统一般可分为手动泡沫炮系统与远控泡沫炮系统。手动泡沫炮系统一般由泡沫炮、炮架、泡沫液储罐、泡沫比例混合装置、泡沫消防泵等组成；远控泡沫炮系统一般由电控（或液控、气控）泡沫炮、消防炮塔、动力源、控制装置、泡沫液储罐、泡沫比例混合装置、泡沫消防泵等组成。

2. 中倍数泡沫灭火系统。

中倍数泡沫灭火系统是指产生的灭火泡沫倍数在20~200的系统。

3. 高倍数泡沫灭火系统。

高倍数泡沫灭火系统是指产生的灭火泡沫倍数高于200的系统。其灭火机理是通过密集状态的大量高倍数泡沫淹没火灾区域，以阻断新空气的流入达到窒息灭火的目的。

六、防排烟系统

防排烟系统是建筑物内设置的用以控制烟气运动，防止火灾初期烟气蔓延扩散，确保室内人员的安全疏散和安全避难，并为消防救援创造有利条件的防烟系统和排烟系统的总称，如图4-15所示。

图4-15　防排烟系统

（一）防烟系统

防烟系统是指采用自然通风方式或机械加压送风方式，防止建筑物发生火灾时烟气进入楼梯间、疏散通道和避难场所等区域空间的系统。自然通风系统由可开启外窗等自然通风设施进行通风。在不具备通风条件时，机械加压送风系统是确保火灾中室内疏散楼梯间及前室（合用前室）安全的主要设施，该系统主要由送风口、送风管道、送风机和防烟部位（楼梯间、前室或合用前室）以及风机控制柜等组成，如图4-16所示。其工作原理是：向疏散通道等需要防烟的部位送入足够的新鲜空气，使其维持高于建筑物其他部位的压力，从而把着火区域所产生的烟气堵截于防烟部位之外。

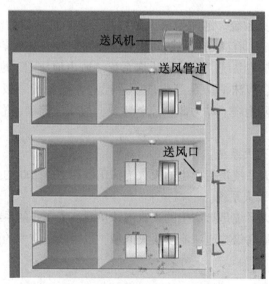

送风机

送风管道

送风口

图4-16　机械加压送风系统示意

（二）排烟系统

排烟系统是指采用自然通风方式或机械排烟方式，将房间、走道等空间的烟气排至建筑物外，控制建筑内的有烟区域保持一定能见度的系统。该系统又分为自然排烟和机械排烟两种。自然排烟系统主要由自然排烟口等组成，其工作原理是：利用建筑物的构造，在自然力的作用下，即利用火灾产生的热烟气流的浮力和外部风力作用，通过建筑物房间或走道的开口把烟气排至室外。机械排烟系统主要由挡烟构件、排烟口、排烟防火阀、排烟道、排烟风机及排烟出口控制器等组成，如图4-17所示。其工作原理是：当建筑物内发生火灾时，由火场人员手动控制或由感烟探测器将火灾信号传递给防排烟控制器，开启活动的挡烟垂壁，将烟气控制在发生火灾的防烟分区内，并打开排烟口以及和排烟口联动的排烟防火阀。同时，关闭空调系统和送风管道内的防火调节阀，防止烟气从空调、通风系统蔓延到其他非着火房间。最后由设置在屋顶的排烟机将烟气通过排烟管道排至室外。

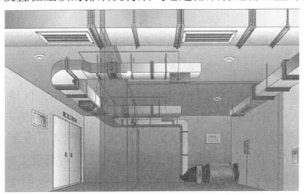

图4-17　机械排烟系统示意

七、安全疏散设施

为避免被困人员因火烧、缺氧窒息、烟雾中毒和房屋倒塌造成伤害，尽快让被困人员疏散逃生到安全区域，保证消防人员迅速接近起火部位展开救援，必须在建筑物内设置相应的安全疏散设施。

（一）消防应急照明和疏散指示系统

消防应急照明和疏散指示系统是指为火灾中人员疏散、灭火救援行动提供照明和方向指示的安全疏散设施，如图4-18所示。当建筑物发生火灾，正常照明电源被切断时，为了给被困人员提供必要的疏散照明和疏散方向指示，以免因看不清路面、辨别不出方向而发生拥挤、碰撞、摔倒等事故，以及为消防队员灭火、抢救伤员和疏散物资等行动提供便利，应在建（构）筑物中设置疏散指示和消防应急照明系统。

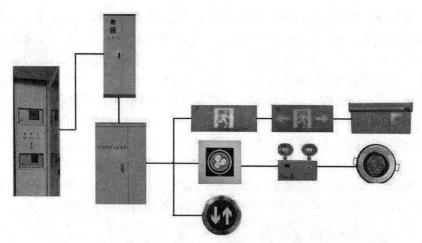

图 4 - 18　消防应急照明和疏散指示系统示意

（二）消防应急广播设施

消防应急广播设施，主要用于火灾或意外事故时对指定区域进行应急信息广播，并指挥现场人员进行疏散。独立的消防应急广播系统由消防广播功放、分配盘或广播模块、音频线路及扬声器（喇叭）等组成，如图 4 - 19 所示。合用消防应急广播系统，在充分利用背景音乐广播系统的基础上，可只设 1 台或 2 台消防广播功放。设有消防控制室的建筑应设置消防应急广播设施，以便于火灾疏散的统一指挥。

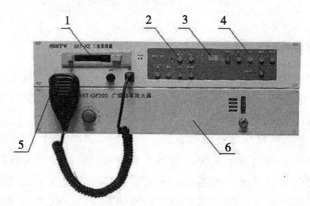

1 - 卡座录放盘；2 - 按键；3 - 时间显示；4 - 指示灯区；5 - 播音话筒；6 - 功率放大器

图 4 - 19　消防应急广播设施的组成

八、防火分隔设施

防火分隔设施，是指防火分区间的能保证在一定时间内阻燃的边缘构件及设施，主要包括防火墙、防火门（窗）、防火卷帘、防火水幕带等。有关这方面的知识详见本书第一章第二节相关内容。

九、消防电梯

设置消防电梯的目的主要是为火灾情况下消防人员及时登楼和运送消防器材创造条件，为控制火势蔓延和扑救赢得时间，是高层建筑特有的灭火救援设施。就灭火程序而言，一般是在确认火灾后，应控制全部电梯停于首层，并接受其反馈信号。电梯的控制方式有两种，一种是将所有电梯控制的副盘显示设在消防控制室，值班人员随时可直接操作；另一种是消防控制室设有电梯控制装置，火灾确认后，值班人员通过控制装置向电梯机房发出火警信号和强制全部电梯停于首层的指令。

十、灭火器

灭火器是一种由人力手提或推拉至着火点附近，手动操作并在其内部压力作用下，将所充装的灭火剂喷出实施灭火的常规灭火器具。当建（构）筑物发生火灾，在固定灭火系统尚未启动之际且消防队未到达火场之前，火灾现场人员可使用灭火器，能有效地扑灭各类保护场所的初起火灾，同时还可节省灭火系统启动的耗费。

（一）灭火器的类型

1. 按所充装的灭火剂类型分类。

灭火器按所充装的灭火剂类型不同，分为以下四类：一是水基型灭火器，包括清火灭火器、水基型水雾灭火器和泡沫灭火器；二是干粉型灭火器，包括碳酸氢钠干粉灭火器（BC 干粉灭火器）、磷酸铵盐干粉灭火器（ABC 干粉灭火器）以及 D 类火专用干粉灭火器；三是二氧化碳灭火器；四是洁净气体灭火器。

2. 按移动方式分类。

灭火器按移动方式不同，分为以下三类：第一种是手提式灭火器，即可手提移动的并能在其内部压力作用下，将所装的灭火剂喷出用以扑救火灾的灭火器具，如图 4－20 所示；第二种是推车式灭火器，即装有轮子的可由一人推或拉至火场，并能在其内部压力作用下，将所装的灭火剂喷出用以扑救火灾的灭火器具，如图 4－21 所示；第三种是简易式灭火器，即灭火剂充装量小于 1000g（或 mL），并由一根手指开启的不可重复充装使用的贮压式灭火器。

图 4 -20　手提式灭火器　　　图 4 -21　推车式灭火器

（二）灭火器的选择及设置要求

1. 灭火器的选择。

灭火器类型的选择可参考以下原则：

（1）A 类火灾场所应选择水基型灭火器、磷酸铵盐干粉灭火器、泡沫灭火器或洁净气体灭火器。

（2）B 类火灾场所应选择泡沫灭火器、碳酸氢钠干粉灭火器、磷酸铵盐干粉灭火器、二氧化碳灭火器、灭 B 类火灾的水基型灭火器或洁净气体灭火器；极性溶剂的 B 类火灾场所应选择灭 B 类火灾的抗溶性灭火器。

（3）C 类火灾场所应选择磷酸铵盐干粉灭火器、碳酸氢钠干粉灭火器、二氧化碳灭火器或洁净气体灭火器。

（4）D 类火灾场所应选择扑灭金属火灾的专用灭火器。

（5）E 类火灾场所应选择磷酸铵盐干粉灭火器、碳酸氢钠干粉灭火器、洁净气体灭火器或二氧化碳灭火器，但不得选用装有金属喇叭喷筒的二氧化碳灭火器。

（6）F 类火灾场所应选择碳酸氢钠干粉灭火器、水基型（水雾、泡沫）灭火器。

（7）可能同时发生 A、B、C 类火灾和带电设备火灾的场所应选用磷酸铵盐干粉灭火器和洁净气体灭火器。

2. 灭火器的设置要求。

（1）灭火器应设置在位置明显和便于取用的地点，且不得影响安全疏散。

（2）对有视线障碍的灭火器设置点，应设置指示其位置的发光标志。

（3）灭火器的摆放应稳固，其铭牌应朝外。手提式灭火器宜设置在灭火器箱内或挂钩、托架上，其顶部离地面高度不应大于 1.5m，底部离地面高度不宜小于 0.08m。灭火器箱不得上锁。

（4）灭火器不应设置在潮湿或强腐蚀性的地点。当必须设置时，应有相应的保护措施。灭火器设置在室外时，也应有相应的保护措施。

（5）灭火器不得设置在超出其使用温度范围的地点。

（6）一个计算单元内配置的灭火器数量不得少于 2 具。每个设置点的灭火器数量不宜多于 5 具。

（7）当住宅楼每层的公共部位建筑面积超过 100m² 时，应配置 1 具 1A 的手提式灭火器；每增加 100m² 时，增配 1 具 1A 的手提式灭火器。

（三）灭火器的送修及报废

1. 灭火器的送修。

灭火器的维修期限应符合表 4 - 1 的要求。另外，存在机械损伤、明显锈蚀、灭火剂泄漏、被开启使用过或符合其他维修条件的灭火器应及时进行维修。

表 4 - 1　灭火器的维修期限

灭火器类型		维修期限
水基型灭火器	手提式水基型灭火器	出厂期满 3 年；首次维修以后每满 1 年
	推车式水基型灭火器	
干粉灭火器	手提式（储压式）干粉灭火器	出厂期满 5 年；首次维修以后每满 2 年
	手提式（储气瓶式）干粉灭火器	
	推车式（储压式）干粉灭火器	
	推车式（储气瓶式）干粉灭火器	
洁净气体灭火器	手提式洁净气体灭火器	
	推车式洁净气体灭火器	
二氧化碳灭火器	手提式二氧化碳灭火器	
	推车式二氧化碳灭火器	

2. 灭火器的报废。

灭火器出厂时间达到或超过表 4 - 2 规定的报废期限时应报废。不到报废年限但有下列情况之一的灭火器应报废：筒体严重锈蚀，锈蚀面积大于等于筒体总面积的 1/3，表面有凹坑的；筒体明显变形，机械损伤严重的；器头存在裂纹、无泄压机构的；筒体为平底等结构不合理的；没有间歇喷射机构的手提式灭火器；没有生产厂名称和出厂年月，包括铭牌脱落，或虽有铭牌但已看不清生产厂名称，或出厂年月钢印无法识别的；筒体有锡焊、铜焊或补缀等修补痕迹的；被火烧过的；不符合消防产品市场准入制度的。

表4-2 灭火器的报废期限

灭火器类型		报废期限（年）
水基型灭火器	手提式水基型灭火器	6
	推车式水基型灭火器	
干粉灭火器	手提式（储压式）干粉灭火器	10
	手提式（储气瓶式）干粉灭火器	
	推车式（储压式）干粉灭火器	
	推车式（储气瓶式）干粉灭火器	
洁净气体灭火器	手提式洁净气体灭火器	
	推车式洁净气体灭火器	
二氧化碳灭火器	手提式二氧化碳灭火器	12
	推车式二氧化碳灭火器	

十一、消防安全标志

（一）消防安全标志的作用

消防安全标志是一种指示性标志，由带有一定象征意义的图形符号或文字，并配有一定的颜色所组成。在消防安全标志出现的地方，它警示人们应该怎样做，不应该怎样做，人们看见这些标志时，马上就可以确定自己的行为。

（二）消防安全标志的分类及图示

消防安全标志根据其功能分为6类：火灾报警装置标志、紧急疏散逃生标志、灭火设备标志、禁止和警告标志、方向辅助标志、文字辅助标志，如表4-3所示。

表4-3 消防安全标志图示

类型	编号	标志	名称
火灾报警装置标志	01		消防按钮 FIRE CALL POINT
	02		发声警报器 FIRE ALARM
	03		火警电话 FIRE ALARM TELEPHONE
	04		消防电话 FIRE TELEPHONE

续表

类型	编号	标志	名称
紧急疏散逃生标志	05		安全出口 EXIT
	06		滑动开门 SLIDE
	07		推开 PUSH
	08		拉开 PULL
	09		击碎面板 BREAK TO OBTAIN ACCESS
	10		逃生梯 ESCAPE LADDER
灭火设备标志	11		灭火设备 FIRE FIGHTING EQUIPMENT
	12		手提式灭火器 PORTABLE FIRE EXTINGUISHER
	13		推车式灭火器 WHEELED FIRE EXTINGUISHER
	14		消防炮 FIRE MONITOR
	15		消防软管卷盘 FIRE HOSE REEL
	16		地下消火栓 UNDERGROUND FIRE HYDRANT
	17		地上消火栓 OVERGROUND FIRE HYDRANT
	18		消防水泵接合器 SIAMESE CONNECTION

续表

类型	编号	标志	名称
禁止和警告标志	19		禁止吸烟 NO SMOKING
	20		禁止烟火 NO BURNING
	21		禁止放易燃物 NO FLAMMABLE MATERIALS
	22		禁止燃放鞭炮 NO FIREWORKS
	23		禁止用水灭火 DO NOT EXTINGUISH WITH WATER
	24		禁止阻塞 DO NOT OBSTRUCT
	25		禁止锁闭 DO NOT LOCK
	26		当心易燃物 WARNING：FLAMMABLE MATERIAL
	27		当心氧化物 WARNING：OXIDIZING SUBSTANCE
	28		当心爆炸物 WARNING：EXPLOSIVE MATERIAL
方向辅助标志	29		疏散方向 DIRECTION OF ESCAPE
	30		火灾报警装置或灭火设备的方位 DIRECTION OF FIRE ALARM DEVICE OR FIREFIGHTING EQUIPMENT

第二节　消防设施与器材的巡查

《消防法》赋予社会单位定期组织对消防设施与器材实施维护管理，确保其完好有效的法定职责。因此，单位应依据《建筑消防设施的维护管理》等标准，建立值班、巡查、检测、维修、保养、建档等管理制度，依法自行或者委托具有相应资质的消防技术服务机构对消防设施进行维护管理。

一、巡查的频次及要求

（一）巡查的频次

（1）公共娱乐场所营业期间，每2h组织1次综合巡查。其间，将部分或者全部消防设施巡查纳入巡查内容，并保证每日至少对全部建筑消防设施巡查1次。

（2）消防安全重点单位，每日至少对消防设施巡查1次。

（3）其他社会单位，每周至少对消防设施巡查1次。

（4）举办具有火灾危险性的大型群众性活动的，承办单位根据活动现场实际需要确定巡查频次。

（二）巡查的要求

（1）明确各类消防设施的巡查部位、频次和内容。

（2）巡查时应准确填写《建筑消防设施巡查记录表》。

（3）巡查时发现故障或者存在问题的，按照规定程序进行故障处置，消除存在的问题。

二、巡查的内容

消防设施与器材的巡查内容主要包括消防设施设置场所（防护区域）的环境状况、消防设施及其组件、材料等外观以及消防设施运行状态、消防水源状况及固定灭火设施灭火剂储存量等。

（一）消防供电设施巡查的内容

1. 消防电源主电源、备用电源工作状态巡查。

消防电源仪表、指示灯是否能正常显示；反映工作状态的指示灯（主电、备电、故障等）在相应状态出现时，能否正确显示对应状态；强制应急启动装置、操作开关、按钮是否灵活；标志是否清晰、完整。

2. 发电机启动装置外观及工作状态巡查。

一是发电机仪表、指示灯是否处于正常工作状态，操作部件是否灵活；排烟管道是否变形，连接处是否脱落；启动电瓶用充放电装置是否处于正常工作状态，电瓶是否进行定期维护，记录是否完整。二是查看储油箱油位计，记录油位高度，判断实有储量是否大于或等于所需油量；采用储油桶存放柴油的，是否配置了相应的取油工具并保持完好、有效。三是根据发电机铭牌上标注的燃油标号，核对其购货发票上燃油标号是否满足发电机用油要求。四是采用柴油泵加注柴油的，柴油泵是否处于完好、有效状态，能否及时启动并正常工作。五是输油管是否存在变形、锈蚀现象；管道连接处是否脱落；导除静电设施是否连接牢固、接地良好。

3. 消防配电房及发电机房环境巡查。

一是配电房、配电间消防设施器材是否能正常工作；防护设施、装具是否齐全并好用；管理制度、操作规程是否上墙；现场询问、测试值班电工是否能正确操作配电开关设备；查看配电房内是否存在与工作无关的用火、用电器材、设施等。二是消防低压开关柜的标志是否清晰、完好。三是发电机房配套安装的照明灯具、通风设施、通信设备是否能正常工作；安全防护装具是否配置齐全、处于有效期内。四是储油间、发电机房、配电房等彼此分隔设施是否发生变化，入口处防动物侵入、挡水设施是否保持良好。五是机房内设置的灭火器材放置是否便于取用、是否得到有效维护。

4. 消防设备末端配电箱切换装置工作状态巡查。

各消防设施最末一级配电箱的标志是否清晰、完好，仪表、指示灯、开关、控制按钮功能是否正常、操作是否灵活。

（二）火灾自动报警系统的巡查内容

1. 火灾报警探测器外观巡查。

探测器表面是否存在影响探测功能的障碍物；探测器周围是否存在影响探测器及时报警的障碍物；具有巡检指示功能的探测器，其巡检指示灯是否正常闪亮。

2. 区域显示器运行状态巡查。

区域显示器是否处于正常工作状态，工作状态指示灯是否点亮，是否存在遮挡等影响观察的障碍物。

3. CRT 图形显示器运行状况巡查。

CRT 图形显示装置是否处于正常监控，显示工作状态；软件的各项功能是否能正常操作、显示；模拟产生火灾报警、监管报警、故障报警、联动设备动作等，查看图形显示装置信息显示、状态指示等各项功能是否正常，显示信息是否准确。

4. 火灾报警控制器运行状况巡查。

控制器显示器件、指示灯功能是否正常；系统显示时间是否存在误差；打印机是否处于开启状态；观察火警、监管、故障、屏蔽指示灯状态，判断控制器是否处于火灾报警、监管报警、故障报警状态，控制器是否屏蔽了有关火灾探测器；观察消防控制室系统主机的通信故障指示灯状态，判断主机与从机间通信是否有故障；查看电源故障指示灯状态，判断控制器电源是否处于故障状态。

5. 消防联动控制器外观和运行状况巡查。

联动控制盘是否处于正常监控、无故障状态，操作按钮上对应被控对象的标志是否清晰、完整、牢固。

6. 手动报警按钮外观。

检查标志是否清晰，面板是否破损；具有巡检指示功能的手动报警按钮指示灯是否正常闪亮；带有电话插孔的手动报警按钮保护措施是否完好；手动报警按钮周围是否存在影响辨识和操作的障碍物。

7. 火灾警报装置外观。

火灾警报装置周围是否存在影响观察、声音传播的障碍物。

8. 其他系统组件检查。

短路隔离器是否处于工作状态；检查信号输入模块安装是否牢固、工作状态指示灯是否闪亮，检查信号输入模块至监控对象的连接线保护措施是否完好、有效或松脱。

（三）电气火灾监控系统的巡查内容

1. 电气火灾监控探测器的外观及工作状态巡查。

探测器安装位置是否改变，探测腔内是否穿有其他无关线路；接触式安装的测温式电气火灾监控探测器固定是否牢靠；非接触安装的线型感温火灾探测器距离监控对象的间距是否大于10cm；红外测温式电气火灾监控探测器安装位置是否发生改变、安全距离是否减小；具有金属外壳的探测器安全接地是否完好。

2. 报警主机外观及运行状态巡查。

电气火灾监控器是否处于正常监控、无故障状态；系统显示时间是否无误差；按下"自检"按钮，检查显示器件是否能清晰、完整显示信息，指示灯是否能点亮，声音报警信号是否响起；具有打印功能的监控设备，打印机是否能正常打印信息；机箱内线缆标志字迹是否清晰、完整；导线进管处封堵是否完好；监控设备的"消音"、"复位"功能是否正常；监控设备电源功能是否正常；模拟电气火灾监控探测器发出报警、故障信号，测试其报警、故障显示功能是否准确。

（四）可燃气体探测报警系统的巡查内容

探测器安装位置是否发生改变，周围是否存在影响探测功能的障碍物、通风设备；探测器的防爆措施、保护措施是否破损；使用标准检测气源，模拟产生可燃气体，查看探测器火警确认灯是否点亮；核实可燃气体报警控制器是否接收到其报警信号；模拟产生探测器连接线路短路、开路，检查控制器能否发出故障声、光报警信号，能否正确显示部位信息；报警主机外观及工作状态；按照火灾报警控制器的检查内容，测试可燃气体报警控制器自检、消音、复位功能，显示与计时功能，电源功能等是否正常；按照火灾报警控制器功能检查方法，测试可燃气体报警控制器各项报警、控制、显示功能是否正常。

（五）供水设施的巡查内容

1. 消防水池外观。

（1）巡查储水量：根据水位仪器，查看消防水池水位高度，判断其储水量是否达到消防设计要求。

（2）巡查消防用水保证措施：检查寒冷地区消防水池的防冻措施是否完好、有效；合用消防水池，检查是否设有确保消防用水不被他用的措施；检查消防水池浮球控制阀启闭性能是否良好，其是否处于开启状态；查看消防水池供消防车取水的取水口保护措施是否完好、标志是否清晰，有无被圈占、遮挡的现象；检查消防水池的排污管、溢流管是否引向集水井，通气孔是否畅通等。

2. 消防水箱外观。

（1）巡查储水量：根据水位仪器，查看消防水箱水位高度，判断消防水箱储水量是否达到消防设计要求；在消防控制室检查消防水箱水位信息远传功能是否符合要求，水位显示与消防水箱实际水位是否一致。

（2）巡查供水保证措施：查看寒冷地区消防水箱的防冻设施是否完好、有效；合用消防水箱，检查是否设有确保消防用水不被他用的措施；检查消防水箱浮球控制阀启闭性能是否良好，其是否处于开启状态；检查消防水箱自动补水、关闭功能是否完好；检查消防水箱出水管上控制阀是否处于常开状态；检查消防水箱排污管、溢流管是否直接排向屋面排水沟；启动消防水泵，通过观察溢流管是否出水，判断水箱出水管上止回阀的防止水倒流的功能是否正常。

3. 消防水泵及控制柜工作状态。

（1）巡查消防泵组进、出水管阀门：查看消防泵组是否注明有系统名称和编号的标志牌；检查消防泵组进、出水管上对应的压力表、试水阀及防超压装置、止回阀、信号阀等是否正常；检查消防泵组进、出水管以及消防水池连通管上的控制阀是否锁定在常开位置，并有明显标记。

（2）巡查消防泵组电气控制装置工作状态：查看消火栓泵、喷淋泵、稳压（增压）泵电气控制装置面板仪表、指示灯、所属系统标志等是否完好；检查平时消火栓泵、喷淋泵、稳压（增压）泵电气控柜开关是否置于"自动"状态，转换开关是否处于"自动"运行模式；检查消火栓泵、喷淋泵、稳压（增压）泵电气控制柜面板手动操作部件是否灵活；检查具有自动巡检功能的消防水泵电气控制柜是否具备自动巡检功能。

（3）巡查消防泵组运行情况：用手左右转动消防泵组联轴器，检查消防泵组是否存在锈蚀、卡死等现象；在"手动"模式下，分别按下主、备消防泵组"启动"按钮，查、听消防泵组运行情况是否正常；将水泵电气控制柜置于"自动"运行模式，按下消防联动控制器上消防泵组"启动"按钮，观察泵组运行、信号反馈情况是否正常。

（4）消防泵组配电柜：检查末端配电柜是否具有双电源自动切换功能。

4. 消防增压稳压设施外观及工作状态。

一是检查稳压（增压）泵的控制柜开关是否设置在自动（接通）位置，标志是否准确、清晰、简单易懂。二是查看气压罐及其组件外观是否存在锈蚀、缺损情况；标志是否清晰、完整；所配阀门是否处于正常状态；配套电气组件是否处于完好、有效状态；泵组电气控制箱是否处于"自动"状态；配电是否能实现两路电源末端自动切换且功能正常等。三是补水功能检查。

5. 消防水泵接合器外观及标志。

一是外观及状态检查：检查相关组件是否完好有效，是否被埋压、圈占、遮挡，标志是否明显，是否标明供水系统的类型及供水范围，是否便于消防车停靠供水；检查水泵接合器周围消防水源、操作场地是否完好。二是供水试验：用消防车等移动供水设施对每个水泵接合器进行供水试验，查看其能否顺利供水。

6. 管网控制阀门启闭状态。

（1）进户管检查：打开室外管道井，查看进户管道外表、连接处是否锈蚀，查看连接处是否有漏水、渗水现象，检查进户管组件（水表、旁通管、阀门等）是否齐全。

（2）阀门检查：检查供水、泄压管路上的阀门是否处于完全开启状态；检查阀门本体上操作手轮、手柄等是否齐全；根据阀体上标注的启闭方向，操作手轮或手柄，检查其操作灵活性；具有信号指示功能的阀门，转动手轮或手柄，核实其指示是否正确；具有信号输出功能的阀门，转动手轮或手柄，检查其开、关状态信号是否能准确输出；带有锁定功能的阀门，检查其锁定工具是否能灵活开、关阀门等。

7. 泵房工作环境。

泵房入口处挡水设施是否完好；泵房内排水设施的排水能力是否满足要求；进出泵房管孔、开口等部位的防火封堵措施是否完好；泵房内应急照明能否连续保持正常照明的照度；水泵各项操作规程、维护保养制度是否上墙并具有可操作性等。

8. 天然水源检查。

（1）吸水高度：检查最低水位是否符合消防车最大吸水高度不应超过 6.0m 要求。

（2）取水等保证设施：检查取水码头、消防车道及回车场地是否便于消防车通行、停靠，是否方便取水操作等；检查取水口防杂物措施是否有效，有无被淤泥淹没现象；检查寒冷季节取水口防冻措施是否完好、有效。

（六）消火栓（消防炮）给水系统的巡查内容

1. 室内消火栓设备外观及配件完整情况。

一是查看消火栓箱标志是否醒目、清晰，本体及周围是否被遮挡，箱体内或箱门外是否张贴操作说明；二是打开消火栓箱门，箱内的水枪、水带、消火栓、消火栓按钮、阀门等配件是否齐全有效，水带与接口绑扎是否牢固，水带有无霉变损坏；三是消火栓箱内配置有消防软管卷盘的，还应检查胶管与小水枪、阀门等连接是否牢固，胶管是否粘连、开裂，支架的转动机构是否灵活，转动角度是否满足使用要求；阀门操作手柄是否完好。

2. 屋顶试验消火栓外观及状态。

检查屋顶试验消火栓外观及配件是否完整，压力显示装置外观及状态显示是否符合要求。

3. 室外消火栓外观及栓井环境。

查看室外消火栓是否被埋压、圈占、遮挡，标志是否明显，是否便于消防车停靠使用，组件是否缺损，栓口是否存在漏水现象；地下室外消火栓井周围及井内是否积存杂物，入冬前消火栓的防冻措施是否完好。

（七）自动喷水灭火系统的巡查内容

1. 喷头外观。

检查喷头本体是否变形，是否存在附着物、悬挂物，周围是否存在影响及时响应火灾温度的障碍物；检查喷头周围及下方是否存在影响洒水的障碍物。

2. 报警阀组外观。

检查报警阀组件是否齐全完整；检查报警阀前后的控制阀门、通向延时器的阀门是否处于开启状态；检查报警阀组上下压力表显示值是否相近且达到设计要求；检查湿式报警阀组是否有注明系统名称和保护区域的标志。

3. 末端试水装置外观及压力值。

查看末端试水装置组件是否完整，标志是否醒目、完整；打开试验阀，检查排水措施是否畅通；观察压力表读数是否不低于 0.05MPa。

4. 压力开关检查。

查看连接压力开关的信号模块是否处于正常工作状态；检查压力开关与信号模块间连接线是否处于完好状态、接头处是否牢固、保护措施是否有效。

5. 水流指示器检查。

查看水流指示器前阀门是否完全开启、标志是否清晰正确，采用信号阀的还应检查当其关闭时是否能向消防控制室发出报警信号；检查连接水流指示器的信号模块是否处于正常工作状态；检查水流指示器与信号模块间连接线是否处于完好状态、接头处是否牢固、保护措施是否有效。

（八）泡沫灭火系统的巡查内容

1. 泡沫产生装置的外观及状态。

查看泡沫产生器本体是否完好，与管道连接处是否松动、脱落；检查吸气孔是否堵塞，是否被防锈漆等涂覆，周围保温、防腐材料是否影响吸气；检查液上喷射泡沫产生器的密封玻璃是否完整、刻痕是否清晰、喷射口挡板是否完好并能保证泡沫液沿罐壁喷放；当泡沫产生器安装在浮顶上时还应检查泡沫产生器是否能随浮顶正常上下浮动；检查高背压泡沫产生器与罐体连接管路上阀门是否处于完全开启状态，周围是否存在漏液现象；检查中、高倍数泡沫产生器的泡沫喷射口下方、周围是否存在影响泡沫释放、流淌的障碍物；检查泡沫喷头本体是否变形，喷头与管道连接处是否脱落，喷头周围是否存在影响泡沫喷放的障碍物，吸气型泡沫喷头的吸气孔是否堵塞、发泡网是否被涂覆；检查泡沫消防炮的组件是否缺损，本体是否存在锈蚀，部件连接处是否松脱，吸气孔是否堵塞；检查泡沫栓的栓箱外观是否完整、标志醒目；打开泡沫消火栓箱门，查看泡沫液桶内是否存有足量泡沫液，根据泡沫液进货发票，核对泡沫液类别、有效期是否符合要求。

2. 泡沫比例混合器外观及状态。

查看比例混合器组件是否存在缺失、锈蚀等现象，比例混合器两端与管道连接处是否完好；环泵式比例混合器的调节手柄是否灵活；管线式比例混合器的吸液管连接处是否严密，安装高度是否发生改变；压力式比例混合装置处于开启状态的进水阀是否关闭，处于关闭状态的出液阀是否被打开；平衡压力式比例混合装置的平衡阀上角阀是否处于开启状态。

3. 泡沫液及其储罐外观。

（1）根据泡沫液进货发票，检查泡沫液是否过期，泡沫液类别是否符合设计要求；根据泡沫液储罐上设置的液位计，查看泡沫液储量是否满足要求。

（2）查看泡沫液储罐的铭牌标记是否清晰、记载内容是否完整，储罐组件是否齐全、完好、无锈蚀，连接是否牢固，储罐附设的呼吸阀、安全阀、出液阀等是否处于正常状态。

4. 泡沫混合液管线及阀门。

（1）管线检查：沿泡沫管线走向，查看泡沫混合液管线是否存在变形、锈蚀、破损现象，管道上色标、保护区域标志是否醒目、完好；管道保护措施是否完好，支架等支撑构件是否完好。

（2）阀门检查：控制泡沫混合液流向的阀门是否处于关闭状态；带信号输出功能的，当启闭阀门时其信号是否能正确显示；电动（液压、气动）阀门还应检查其驱动是否灵活、手动应急操作机构是否灵活等。

5. 泡沫泵外观。

泡沫工作泵、备用泵标记是否明显，吸水管、出液管上的控制阀是否锁定在常开位置。

（九）气体灭火系统的巡查内容

1. 气体灭火控制器工作状态。

观察面板上各类状态指示灯，判断系统是否处于无故障、正常运行状态；控制模式是否处于"手动"状态；各保护区是否存在"故障"指示；"紧急启动"按钮防误操作措施是否完好等。

2. 储瓶间环境。

查看钢瓶间标志是否醒目；门是否朝外开启，通风措施是否完好，房间内是否堆放杂物，建筑构件是否发生改变；房间照明、监控装置是否能正常工作，工作电源是否满足消防电源供电要求。

3. 气体瓶组与储罐外观。

查看气体瓶组、装置外观是否存在锈蚀，组件是否完整，标志、标示是否清晰、完好；瓶组安装是否牢固，组件之间连接是否松脱等；查看灭火剂钢瓶瓶肩上制造钢印、检验钢印，判定钢瓶是否存在未检验、达到报废年限现象；使用储罐储存灭火剂的应检查其制冷装置是否正常工作，安全阀出口是否通畅，保温措施是否完好。

4. 钢瓶组件。

查看连接钢瓶瓶头阀的高压软管、启动管路是否连接紧密；瓶头阀限位措施是否处于正常松开状态；使用专用工具打开压力表进气阀，查看指针是否处于绿色区域。

5. 选择阀及驱动装置等组件外观。

查看选择阀组件是否完整，标志是否醒目，防护区标志是否与其相对应；检查与选择阀相连接的管道是否松脱，手动操作机构是否灵活；驱动装置组件是否完整，保护区域标志是否醒目、完整。

6. 喷嘴及管网外观。

查看喷头与管道的连接是否完好，喷头是否被遮挡、拆除等；灭火剂输送管道上安装的信号反馈装置是否完好、连接线是否完好；集流管上安装的安全泄压阀是否完好；启动管道连接是否完好、严密；连接灭火剂储存钢瓶与集流管的高压软管连接是否严密、无脱落。

7. 称重检漏装置外观。

查看称重检漏装置是否处于工作状态；具有灯光、声响报警功能的装置，检查灯光显示、声响器件是否能正常工作；采用消防电源供电的还应检查电源功能；查看装置显示情况，判断灭火剂存量是否满足设计要求。

8. 防护区内外环境状况。

检查防护区入口处灭火系统防护标志是否设置且完好；防护区疏散门附近现场操作设备、机械应急操作设备的防误操作保护措施是否完好，声光报警器、放气门灯是否完好；检查防护区是否发生面积、容积、建筑构件材料等方面的改变；使用性质是否发生改变；防护区联动设备和机械排风设备是否处于自动运行、联动状态；防护区外专用的空气呼吸器或氧气呼吸器是否完好。

9. 其他内容。

（1）预制灭火系统、柜式气体灭火装置喷嘴前 2m 是否有阻碍气体释放的障碍物。

（2）灭火系统的手动控制与应急操作处是否有防止误操作的警示显示与措施。

（十）防排烟系统的巡查内容

1. 排烟系统的巡查。

排烟窗、用于排烟的阳台和凹廊、排烟竖井的标志是否醒目、完好，有无变形、缺损；窗扇开启方向上是否存在影响完全开启的障碍物，窗口两侧是否存在影响烟气流通的障碍物；具有远距离手动执行机构的，其设置部位标志是否醒目、完好，操作是否灵活；竖井进气口、排烟口周围是否存在影响烟气流通的障碍物；查看控制柜、排烟风机、排烟阀、排烟防火阀、排烟风管、挡烟垂壁、风管等主要组件的标志是否醒目、在位、齐全，是否处于正常状态；有关仪表、指示灯是否正常显示；有关按钮、开关操作是否灵活；消防联动控制线路保护措施是否完好、控制模块是否处于工作状态。

2. 防烟系统的巡查。

查看风机、送风阀、风口等主要组件标志是否醒目、在位、齐全，是否处于正常状态；新风入口周围是否存在影响空气流通的障碍物、能被吸附的杂物等，其上风侧是否存在可影响新风品质的其他排气、排烟口；风机与风管的连接是否完好等；有关操作机构组件是否齐全，操作是否灵活。

（十一）消防应急照明和疏散指示标志的巡查内容

1. 消防应急灯具外观及工作状态。

消防应急灯具外观是否破损；灯具产品标志、消防产品身份信息标志是否清晰齐全；工作状态指示是否正常；埋地安装的消防应急灯具其保护措施是否完好。

2. 疏散指示标志外观及工作状态。

除了检查消防应急灯具的基本内容外，还应检查：

（1）安装在顶棚下方、靠近吊顶的墙面上的标志灯具周围是否存在影响观察的悬挂物、货物堆垛、商品货架等。

（2）安装在门两侧的标志灯具是否存在被开启的门扇或其他装饰物品、装修隔断遮挡的现象。

（3）安装在疏散走道及其转角处1m以内墙面上的标志灯具，其面板是否存在被涂覆、遮挡、损坏等现象。

（4）埋地安装的标志灯具，其金属构件是否锈蚀，面板罩内是否有积水、雾气，其突出地面部分是否影响人员疏散，有遥控试验按钮的还应检查其遥控试验功能是否正常、有效。

（5）带有指示箭头的消防应急标志灯具，沿箭头指示方向步行，检查其指向是否正确、有效。

（6）使顺序闪亮形成导向光流的标志灯转入应急工作状态，检查其光流导向是否与实际的疏散方向相同。

3. 消防应急照明控制器。

观察应急照明控制器面板，检查其是否处于无故障工作状态；按下"自检"按钮，检查其所有指示灯、显示器、音响器件是否处于完好状态；检查开关、按钮的操作是否灵活；查看控制器周边是否存在影响操作、维护、检修的障碍物；打开柜门（面板），检查内部导线连接是否完好、整齐，标志是否清晰，穿线孔是否被封堵。

4. 蓄光型疏散指示标志。

安装在墙上的标志牌，其固定是否牢固，牌面是否整洁、无污损等；安装在疏散走道和主要疏散路线地面上的标志牌，检查标志牌表面是否破损、模糊，是否被其他物品遮挡；沿指示方向行走，检查标志牌指示方向是否正确、有效；观测标志牌周边是否存在影响其吸收光能量的障碍物。

5. 其他组件。

（1）检查消防应急照明灯具用电源盒是否处于无故障工作状态，其与光源的连接线是否牢靠、保护措施是否完好。

（2）检查消防应急照明配电箱、消防应急照明分配电装置的标志是否清晰、完好，设置开关的，检查其开关所处状态是否正常，测试开关关闭时是否影响消防应急灯具转入应急工作状态。

（十二）消防应急广播系统的巡查内容

1. 扬声器外观。

检查扬声器是否完好、安装是否牢固，扬声器周围是否存在影响声音传播的障碍物。

2. 功放、卡座、分配盘外观及工作状态。

检查消防广播系统各组件是否齐全，是否处于无故障运行状态；仪表、指示灯是否能正常显示；开关、旋钮是否能灵活操作；话筒与扩音机的连接是否牢靠；需要操作密码的设备，询问消防控制室值班人员是否掌握密码并能准确输入；合用消防广播系统，检查遥控切换装置切换功能是否正常，信号反馈是否正常。

（十三）消防专用电话的巡查内容

1. 消防电话主机的巡查。

消防电话总机是否处于无故障工作状态；按下"自检"按钮，查看仪表、指示灯、显示器件等是否能正常工作；检查旋钮、开关等的操作是否灵活；查看电话手柄或送话器与主机的连接线是否完好、牢固；检查电源部分工作是否正常。

2. 消防电话分机的巡查。

电话分机组件是否齐全、外观是否有缺陷；相关标志是否醒目、保护措施是否完好；手柄与机身连接线是否完好、连接是否牢固。

3. 电话手柄、电话插孔的巡查。

电话手柄、电话插孔外观是否完好，连接线端部接头是否牢固；电话插孔标志是否醒目，防护措施是否完好等。

（十四）防火分隔设施的巡查内容

1. 防火门的巡查。

（1）检查防火门外观及配件完整性：防火门标志、开启方向提示标志是否醒目；防火门开启方向上是否存在影响开启的障碍物；常闭式防火门门扇是否存在使用插销、门吸、木楔等物件使其处于常开启状态；常开式防火门是否采用插销将门扇固定在开启位置；防火门闭门器、顺序器等是否按规定安装并保持完好。

（2）防火门启闭状况及周围环境检查：防火门的闭门器、顺序器、铰链、锁具等组件是否齐全完好；门扇是否完好、无缺陷，门扇、门框上安装的膨胀型密封条是否脱落、缺损；门扇上防火玻璃、防火门上亮窗部分是否完好、无缺损；常开式防火门释放器、门限开关等是否完好并处于工作状态；具有电动开启功能的防火门的电动操作说明、开启按钮标志是否醒目、完好；具有出入控制功能的防火门，其应急开启措施是否有效并便于操作。

2. 防火卷帘的巡查。

（1）防火卷帘外观及配件完整性检查：防火卷帘下方是否存在影响卷帘门正常下降的障碍物；地面是否标注出醒目的警示标志；空隙是否采取防火封堵材料封堵并保持完好；现场控制盒是否完好，标志是否醒目，周围是否存在影响操作的障碍物；需使用钥匙才可实现升、降操作的现场控制盒还应检查其钥匙是否留存在消防控制室并有专人保管；操作防火卷帘运行的链条、应急操作扳把是否有明显标志，是否方便取用。

（2）防火卷帘控制装置外观及工作状况检查：防火卷帘控制器是否处于无故障的工作状态，其仪表、指示灯、按钮、开关等器件是否能正常工作；安装在卷帘门两侧的火灾探测器是否完好，周围是否存在影响探测功能的障碍物。

3. 防火阀的巡查。

检查防火阀标志是否醒目、清晰；防火阀固定支吊架是否牢固、无变形；防火阀与风管连接处是否脱落、松动；当有风管穿越时，风管上设置的防火阀是否处于正常工作状态并能有效工作。

（十五）消防电梯的巡查内容

首层电梯层门的上方或附近是否设置"消防电梯"的标志，标志是否醒目、完好；通向消防电梯前室的通道上是否设有影响人员、消防器材及装备进入的障碍物；消防电梯轿厢内部是否采用了可燃装修材料，是否设置消防电话，"消防员开关"保护措施是否完好；电梯配电箱的双电源转换装置是否处于"自动"工作状态；紧急救援器具是否齐全、完好，相关操作规程是否清晰、完整；查看顶层消防电梯机房，是否存在其他使用功能；消防电梯井排水措施是否处于无故障工作状态。

（十六）灭火器的巡查内容

1. 灭火器外观。

（1）灭火器的铭牌是否无残缺、清晰明了，铭牌上关于灭火剂、灭火级别、生产日期、维修日期以及操作说明等标志是否齐全。

（2）维修日期标志是否清晰、完好。

（3）灭火器的零部件是否齐全，有无脱落或损伤；铅封等保险装置是否损坏；

喷射软管是否完好，是否无明显鞍裂，喷嘴是否堵塞，筒体是否无明显的损伤。

（4）灭火器的驱动气体压力是否在工作压力范围内。

（5）检查灭火器是否达到送修条件和维修年限，是否达到报废条件和报废年限。

（6）灭火器是否具有定期维护检查的记录。

2. 设置位置状况。

（1）灭火器设置位置是否明显且便于取用，是否放置在配置图表规定的设置点位置。

（2）室外灭火器是否有防雨、防晒等保护措施。

（3）灭火器周围是否有障碍物遮挡等影响取用的现象。

第三节　消防设施与器材的维修和保养

一、消防设施与器材的维修要求

1. 值班、巡查、检测、灭火演练中发现建筑消防设施存在问题和故障的，相关人员应填写《建筑消防设施故障维修记录表》，并向单位消防安全管理人报告。

2. 单位消防安全管理人对建筑消防设施存在的问题和故障，应立即通知维修人员进行维修。维修期间，应采取确保消防安全的有效措施。故障排除后应进行相应功能试验并经单位消防安全管理人检查确认。维修情况应记入《建筑消防设施故障维修记录表》。

二、消防设施与器材的维护保养

消防设施与器材的维护保养应依据有关国家工程建设消防技术标准来实施，其维护保养的周期和内容如表4-4~表4-11所示。

表4－4　火灾自动报警系统维护保养的周期和内容

维护保养周期	维护保养内容
季度检查	检查和试验火灾自动报警系统的下列功能，并按要求填写相应的记录： ①采用专用检测仪器分期分批试验探测器的动作及确认灯显示 ②试验火灾警报装置的声光显示 ③试验水流指示器、压力开关等报警功能、信号显示 ④对主电源和备用电源进行1~3次自动切换试验
年度检查	检查和试验火灾自动报警系统下列功能，并按要求填写相应的记录： ①应用专用检测仪器对所安装的全部探测器和手动报警装置试验至少1次 ②自动和手动打开排烟阀，关闭电动防火阀和空调系统 ③对全部电动防火门、防火卷帘的试验至少1次 ④强制切断非消防电源功能试验 ⑤对其他有关的消防控制装置进行功能试验
年度维修	①点型感烟火灾探测器投入运行2年后，应每隔3年至少全部清洗一遍 ②通过采样管采样的吸气式感烟火灾探测器根据使用环境的不同，需要对采样管道进行定期吹洗，最长的时间间隔不应超过1年；探测器的清洗应由有相关资质的机构根据产品生产企业的要求进行；探测器清洗后应作响应阈值及其他必要的功能试验，合格者方可继续使用，不合格探测器严禁重新安装使用，并应将该不合格品返回产品生产企业集中处理，严禁将离子感烟火灾探测器随意丢弃；可燃气体探测器的气敏元件超过生产企业规定的寿命年限后应及时更换，气敏元件的更换应由有相关资质的机构根据产品生产企业的要求进行

表4－5　消防供水设施维护保养的周期和内容

维护保养项目	维护保养周期与内容
消防水源	①在冬季每天要对消防储水设施进行室内温度和水温检测，当结冰或室内温度低于5℃时，要采取确保不结冰和室温不低于5℃的措施 ②每月对消防水池、高位消防水池、高位消防水箱等消防水源设施的水位等进行1次检测；消防水池（箱）玻璃水位计两端的角阀在不进行水位观察时应关闭 ③每季度监测市政给水管网的压力和供水能力 ④每年对天然河湖等地表水消防水源的常水位、枯水位、洪水位，以及枯水位流量或蓄水量等进行1次检测 ⑤每年对水井等地下水消防水源的常水位、最低水位、最高水位和出水量等进行1次测定 ⑥每年应检查消防水池、消防水箱等蓄水设施的结构材料是否完好，发现问题时及时处理

续表

维护保养项目	维护保养周期与内容
消防水泵和稳压泵	①每日对稳压泵的停泵启泵压力和启泵次数等进行检查和记录运行情况 ②每日对柴油机消防水泵的启动电池的电量进行检测，每周检查储油箱的储油量，每月应手动启动柴油机消防水泵运行 1 次 ③每周应模拟消防水泵自动控制的条件自动启动消防水泵运转 1 次，且自动记录自动巡检情况，每月应检测记录 ④每月应手动启动消防水泵运转 1 次，并检查供电电源的情况 ⑤每月对气压水罐的压力和有效容积等进行 1 次检测 ⑥每季度应对消防水泵的出流量和压力进行 1 次试验
消防水泵接合器	定期应对消防水泵接合器的接口及附件进行检查，其内容主要包括： ①查看水泵接合器周围有无放置构成操作障碍的物品 ②查看水泵接合器有无破损、变形、锈蚀及操作障碍，确保接口完好、无渗漏、闷盖齐全 ③查看闸阀是否处于开启状态 ④查看水泵接合器的标志是否还明显
给水管网	①每天对水源控制阀进行外观检查，并应保证系统处于无故障状态 ②每月应对系统上所有控制阀门的铅封、锁链进行 1 次检查，确定其铅封或锁链固定在开启或规定的状态，当有破坏或损坏时应及时修理更换 ③每月对电动阀和电磁阀的供电和启闭性能进行检测 ④在市政供水阀门处于完全开启状态时，每月对倒流防止器的压差进行检测，且应符合现行国家标准《减压型倒流防止器》（GB/T 25178 – 2010）和《双止回阀倒流防止器》（CJ/T 160 – 2010）等的有关规定 ⑤每季度对系统所有的末端试水阀和报警阀的放水试验阀进行 1 次放水试验，并应检查系统启动、报警功能以及出水情况是否正常 ⑥每季度对室外阀门井中进水管上的控制阀门进行 1 次检查，并应核实其处于全开启状态 ⑦每年应对系统过滤器进行至少 1 次排渣，并应检查过滤器是否处于完好状态，当堵、塞或损坏时应及时检修

表4－6　消火栓（消防炮）系统维护保养的周期和内容

维护保养项目	维护保养周期与内容
地上消火栓	①每周应检查消火栓配套器材是否保持完好有效，是否遮挡 ②每季度应对消火栓进行1次外观和漏水情况检查，其内容包括：用专用扳手转动消火栓启动杆，检查其灵活性，必要时加注润滑油；检查出水口闷盖是否密封，有无缺损；检查栓体外表油漆有无剥落，有无锈蚀，如有应及时修补 ③每年开春后入冬前对地上消火栓逐一进行出水试验；出水应满足压力要求，在检查中可使用压力表测试管网压力，或者连接水带作射水试验，检查管网压力是否正常
地下消火栓	①每季度应进行1次检查保养，其内容主要包括：用专用扳手转动消火栓启闭杆，观察其灵活性，必要时加注润滑油；检查橡胶垫圈等密封件有无损坏、老化或丢失等情况；检查栓体外表油漆有无脱落，有无锈蚀，如有应及时修补；消火栓井周围及井内是否积存杂物，如有应及时清除；室外消火栓配套器材和标志是否完整有效 ②每年入冬前检查消火栓的防冻设施是否完好 ③每年应逐一对重点部位消火栓进行1次出水试验，出水应满足压力要求，在检查中可使用压力表测试管网压力，或连接水带作射水试验，检查管网压力是否正常
室内消火栓	应每半年至少进行1次全面的检查维修。主要内容有： ①检查消火栓和消防卷盘供水闸阀是否渗漏水，若渗漏水及时更换密封圈 ②对消防水枪、水带、消防卷盘及其他进行检查，全部附件是否齐全完好，卷盘转动灵活 ③检查消火栓报警按钮、指示灯及控制线路，功能是否正常、有无故障 ④消火栓箱及箱内装配的部件外观有无破损、涂层有无脱落，箱门玻璃是否完好无缺 ⑤对消火栓、供水阀门及消防卷盘等所有转动部位应定期加注润滑油

表4-7 自动喷水灭火系统维护保养的周期和内容

维护保养周期	维护保养内容
月检查	①电动、内燃机驱动的消防水泵（增压泵）启动运行测试 ②喷头完好状况、备用量及异物清除等检查 ③系统所有阀门状态及其铅封、锁链完好状况检查 ④消防气压给水设备的气压、水位测试，消防水池、消防水箱的水位以及消防用水不被挪用的技术措施检查 ⑤电磁阀启动测试 ⑥水流指示器动作、信息反馈试验
季度检查	①报警阀组的试水阀放水及其启动性能测试 ②室外阀门井中的控制阀门开启状况及其使用性能测试
年度检查	①水源供水能力测试 ②水泵接合器通水加压测试 ③储水设备结构材料检查 ④过滤器排渣、完好状态检查 ⑤系统联动测试

表4-8 泡沫灭火系统维护保养的周期和内容

维护保养周期	维护保养内容
周检查	每周需要对消防泵和备用动力以手动或自动控制的方式进行1次启动试验，看其是否运转正常，试验时泵可以打回流，也可空转，但空转时运转时间不大于5s，试验后必须将泵和备用动力及有关设备恢复原状
月检查	①对低、中、高倍数泡沫产生器，泡沫喷头，固定式泡沫炮，泡沫比例混合器（装置），泡沫液储罐进行外观检查，各部件要完好无损 ②对固定式泡沫炮的回转机构、仰俯机构或电动操作机构进行检查，性能要达到标准的要求 ③泡沫消火栓和阀门要能自由开启与关闭，不能有锈蚀 ④压力表、管道过滤器、金属软管、管道及管件不能有损伤 ⑤对遥控功能或自动控制设施及操纵机构进行检查，性能要符合设计要求 ⑥对储罐上的低、中倍数泡沫混合液立管要清除锈渣 ⑦动力源和电气设备工作状况要良好 ⑧水源及水位指示装置要正常

续表

维护保养周期	维护保养内容
半年检查	每半年除了储罐上泡沫混合液立管和液下喷射防火堤内泡沫管道及高倍数泡沫产生器进口端控制阀阀后的管道外，其余管道需要全部冲洗，清除锈渣
年检查	每两年要检查： ①对低倍数泡沫灭火系统中的液上、液下及半液下喷射、泡沫喷淋、固定式泡沫炮和中倍数泡沫灭火系统进行喷泡沫试验，并对系统所有组件、设施、管道及管件进行全面检查 ②对高倍数泡沫灭火系统，可在防护区内进行喷泡沫试验，并对系统所有组件、设施、管道及管件进行全面检查 ③系统检查和试验完毕后，要对泡沫液泵或泡沫混合液泵、泡沫液管道、泡沫混合液管道、泡沫管道、泡沫比例混合器（装置）、泡沫消火栓、管道过滤器和喷过泡沫的泡沫产生装置等用清水冲洗后放空，复原系统

表4-9　气体灭火系统维护保养的周期和内容

维护保养周期	维护保养内容
月检查	①灭火剂储存容器、选择阀、液流单向阀、高压软管、集流管、启动装置、管网与喷嘴、压力信号器、安全泄压阀及检漏报警装置等系统全部组成部件进行外观检查；系统的所有组件应无碰撞变形及其他机械损伤，表面应无锈蚀，保护层应完好，铭牌应清晰，手动操作装置的防护罩、铅封和安全标志应完整 ②气体灭火系统组件的安装位置不得有其他物件阻挡或妨碍其正常工作 ③驱动控制盘面板上的指示灯应正常，各开关位置应正确，各连线应无松动现象 ④火灾探测器表面应保持清洁，应无任何会干扰或影响火灾探测器探测性能的擦伤、油渍及油漆 ⑤气体灭火系统储存容器内的压力，气动型驱动装置的气动源的压力均不得小于设计压力的90%
季度检查	①可燃物的种类、分布情况，防护区的开口情况，应符合设计规定 ②储存装置间的设备、灭火剂输送管道和支、吊架的固定，应无松动 ③连接管应无变形、裂纹及老化，必要时，送法定质量检验机构进行检测或更换 ④各喷嘴孔口应无堵塞 ⑤对高压二氧化碳储存容器逐个进行称重检查，灭火剂净重不得小于设计储存量的90% ⑥灭火剂输送管道有损伤和堵塞现象时，应按相关规范规定的管道强度试验和气密性试验方法的规定进行严密性试验和吹扫

续表

维护保养周期	维护保养内容
年度检查	①撤下1个区启动装置的启动线，进行电控部分的联动试验，应启动正常 ②对每个防护区进行1次模拟自动喷气试验，通过报警联动，检验气体灭火控制盘功能，并进行自动启动方式模拟喷气试验，检查比例为20%（最少一个分区） ③对高压二氧化碳、三氟甲烷储存容器逐个进行称重检查，灭火剂净重不得小于设计储存量的90% ④预制气溶胶灭火装置、自动干粉灭火装置有效期限的检查 ⑤泄漏报警装置报警定量功能试验，检查的钢瓶比例100% ⑥主用量灭火剂储存容器切换为备用量灭火剂储存容器的模拟切换操作试验，检查比例为20%（最少一个分区） ⑦灭火剂输送管道有损伤和堵塞现象时，应按有关规范的规定进行严密性试验和吹扫 ⑧5年后，每3年应对金属软管（连接管）进行水压强度试验和气密性试验，性能合格方能继续使用，如发现老化现象，应进行更换；5年后，对释放过灭火剂的储瓶、相关阀门等部件进行1次水压强度和气体密封性试验，试验合格方可继续使用

表 4－10　防排烟系统维护保养的周期和内容

维护保养周期	维护保养内容
月检查	①防排烟风机：手动或自动启动试运转，检查有无锈蚀、螺丝松动 ②挡烟垂壁：手动或自动启动、复位试验，有无升降障碍 ③排烟窗：手动或自动启动、复位试验，检查有无开关障碍，每月检查供电线路有无老化，双回路自动切换电源功能等
半年检查	①防火阀：手动或自动启动、复位试验，检查有无变形、锈蚀，并检查弹簧性能，确认性能可靠 ②排烟防火阀：手动或自动启动、复位试验，检查有无变形、锈蚀，并检查弹簧性能，确认性能可靠 ③送风阀（口）手动或自动启动、复位试验，检查有无变形、锈蚀，并检查弹簧性能，确认性能可靠 ④排烟阀（口）：手动或自动启动、复位试验，检查有无变形、锈蚀，并检查弹簧性能，确认性能可靠
年度检查	每年对所安装全部防排烟系统进行1次联动试验和性能检测，其联动功能和性能参数应符合原设计要求

表4-11　消防应急照明灯具和疏散指示标志维护保养的周期和内容

维护保养周期	维护保养内容
月检查	①每月检查消防应急灯具，如果发出故障信号或不能转入应急工作状态，应及时检查电池电压，如果电池电压过低，应及时更换电池；如果光源无法点亮或有其他故障，应及时通知产品制造商的维护人员进行维修或者更换 ②每月检查应急照明集中电源和应急照明控制器的状态，如果发现故障声光信号应及时通知产品制造商的维护人员进行维修或者更换
季度检查	①检查消防应急灯具、应急照明集中电源和应急照明控制器的指示状态 ②检查应急工作时间 ③检查转入应急工作状态的控制功能
年度检查	①除季检查内容外，还应对电池作容量检测试验 ②试验应急功能 ③试验自动和手动应急功能，进行与火灾自动报警系统的联动试验

练习题

一、单项选择题

1. 下列＿＿项不属于火灾报警和手动控制装置标志。　　　　　　　　　　　（　　）

A.　　　　　　B.　　　　　　C.　　　　　　D.

2. 由应急照明控制器、配电箱、照明灯具和标志灯具构成的消防应急照明与疏散指示系统形式是＿＿。　　　　　　　　　　　　　　　　　　　　　　　　　　　　（　　）

A. 自带电源非集中控制型　　　　　B. 自带电源集中控制型

C. 集中电源非集中控制型　　　　　D. 集中电源集中控制型

3. 发生火灾时湿式系统中由＿＿探测火灾。　　　　　　　　　　　　　　（　　）

A. 火灾探测器　　　　　　　　　　B. 水流指示器

C. 闭式喷头　　　　　　　　　　　D. 压力开关

4. 下列气体灭火系统分类中，按系统的结构特点进行分类的是＿＿。　　（　　）

A. 二氧化碳灭火系统、七氟丙烷灭火系统、惰性气体灭火系统和气溶胶灭火系统

B. 管网灭火系统和预制灭火系统

C. 全淹没灭火系统和局部应用灭火系统

D. 自压式气体灭火系统、内储压式气体灭火系统和外储压式气体灭火系统

5. 某石油库储罐区共有10个储存原油的外浮顶储罐，单罐容量均为10000m³，该储罐区应选用的泡沫灭火系统是＿＿。　　　　　　　　　　　　　　　　　　　（　　）

A. 液下喷射中倍数泡沫灭火系统

B. 液下喷射低倍数泡沫灭火系统

C. 液上喷射低倍数泡沫灭火系统

D. 固定泡沫炮灭火系统

6. 下列关于干式自动喷水灭火系统的说法中，错误的是____。 （ ）

A. 在准工作状态下，由稳压系统维持干式报警阀入口前管道内的充水压力

B. 在准工作状态下，干式报警阀出口后的配水管道内应充满有压气体

C. 当发生火灾后，干式报警阀开启，压力开关动作后管网开始排气充水

D. 当发生火灾后，配水管道排气充水后，开启的喷头开始喷水

7. 对高位消防水箱进行定期检查，其检查水位的周期至少应为每____。 （ ）

A. 日　　　　　　　B. 月　　　　　　　C. 季　　　　　　　D. 年

8. 建筑防排烟系统运行周期性维护管理中，下列检查项目不属于每半年检查的项目是____。

（ ）

A. 防火阀　　　　　　　　　　　B. 排烟口（阀）

C. 联动性能　　　　　　　　　　D. 送风口（阀）

9. 对建筑灭火器的配置进行检查时，应注意检查灭火器的适用性。宾馆客房区域的走道上不应布置____。 （ ）

A. 水基型灭火器　　　　　　　　B. 碳酸氢钠干粉灭火器

C. 泡沫灭火器　　　　　　　　　D. 磷酸铵盐干粉灭火器

10. 对消防设施进行定期检测是消防设施维护管理工作的一项重要内容，确定自动喷水灭火系统末端试水的检测周期所依据的标准是____。 （ ）

A. 《建筑消防设施检测技术规程》GA 503－2004

B. 《建筑消防设施的维护管理》GB 25201－2010

C. 《自动喷水灭火系统施工及验收规范》GB 50261－2017

D. 《自动喷水灭火系统设计规范》GB 50084－2017

二、多项选择题

1. 气体灭火系统一般由____等组成。 （ ）

A. 灭火剂储存瓶组

B. 液体单向阀、集流管、选择阀以及阀驱动装置

C. 压力讯号器

D. 管网、喷嘴

E. 报警阀

2. 湿式系统的主要组件有____。 （ ）

A. 湿式报警阀组

B. 水流指示器

C. 手动报警按钮

D. 开式喷头

E. 末端试水装置

3. 自动喷水灭火系统是由____等组件以及管道、供水设施组成，并能在火灾发生时响应并实施喷水的自动灭火系统。 （ ）

　　A. 洒水喷头

　　B. 报警阀组

　　C. 水流报警装置

　　D. 泡沫产生装置

　　E. 火灾触发装置

4. 关于室内消火栓系统维护管理，下列说法正确的有____。 （ ）

　　A. 每季度应对消防水池、消防水箱的水位进行一次检查

　　B. 每月应手动启动消防水泵运转一次

　　C. 每月应模拟消防水泵自动控制的条件自动启动消防水泵运转一次

　　D. 每月应对控制阀门铅封、锁链进行一次检查

　　E. 每周应对稳压泵的停泵启泵压力和启泵次数等进行检查，并记录运行情况

5. 下列____属于火灾自动报警系统季度检查的内容。 （ ）

　　A. 采用专用检测仪器分期分批试验探测器的动作及确认灯显示

　　B. 试验火灾警报装置的声光显示

　　C. 试验水流指示器、压力开关等报警功能、信号显示

　　D. 对主电源和备用电源进行 1～3 次自动切换试验

　　E. 用专用检测仪器对所安装的全部探测器和手动报警装置试验至少 1 次

6. 下列____属于自动喷水灭火系统维护保养的季度检查内容。 （ ）

　　A. 报警阀组的试水阀放水及其启动性能测试

　　B. 室外阀门井中的控制阀门开启状况及其使用性能测试

　　C. 水源供水能力测试

　　D. 水泵接合器通水加压测试

　　E. 储水设备结构材料检查

7. 下列____属于消防专用电话的检测内容。 （ ）

　　A. 消防专用电话分机是否能以直通方式呼叫

　　B. 消防控制室是否能接受插孔电话的呼叫

　　C. 消防控制室、消防值班室、企业消防站等处是否设外线电话

　　D. 通话音质是否清晰

　　E. 播音区域是否正确

8. 开启自动喷水灭火系统的末端试水装置，下列____属于应符合的要求。 （ ）

　　A. 末端试水装置出水压力大于 0.05MPa

　　B. 水流指示器、报警阀、压力开关动作

　　C. 报警阀动作后，距水力警铃 5m 远处的声压级低于 70dB

　　D. 开启末端试水装置后 5min 内自动启动消防水泵

　　E. 消防控制设备显示水流指示器、压力开关及消防水泵的反馈信号

9. 下列____属于水流指示器巡查应检查的内容。 （ ）

　　A. 查看水流指示器前阀门是否完全开启

B. 标志是否清晰正确

C. 检查连接水流指示器的信号模块是否处于正常工作状态

D. 检查水流指示器与信号模块间连接线是否处于完好状态

E. 组件是否齐全完整

10. 下列____的场所,应采用雨淋系统。 （ ）

A. 火灾的水平蔓延速度快、闭式喷头的开放不能及时使喷水有效覆盖着火区域

B. 火灾严重危险级Ⅱ级

C. 系统处于准工作状态时,严禁管道漏水

D. 室内净空高度超过闭式系统最大允许净空高度,且必须迅速扑救初起火灾

E. 严禁系统误喷,替代干式系统

三、判断题（正确的请在括号内打"√",错误的请在括号内打"×"）

1. 干粉灭火器的报废期限是 12 年。 （ ）

2. 环境温度不低于 4℃,且不高于 70℃的场所应采用干式系统。 （ ）

3. 机械排烟系统主要由送风口、送风管道、送风机和防烟部位（楼梯间、前室或合用前室）以及风机控制柜等组成。 （ ）

4. 湿式系统的喷头动作后,应由压力开关直接连锁自动启动供水泵。 （ ）

5. 雨淋系统应在火灾报警系统报警后,立即自动向配水管道供水。 （ ）

6. 液下喷射泡沫灭火系统适用于水溶性液体固定顶储罐。 （ ）

7. 控制中心报警系统是由火灾探测器、手动火灾报警按钮、火灾声光警报器及火灾报警控制器等组成。 （ ）

8. F 类火灾场所应选择碳酸氢钠干粉灭火器、水基型（水雾、泡沫）灭火器和洁净气体灭火器。 （ ）

9. 洁净气体灭火器维修期限为出厂期满 5 年,首次维修以后每满 2 年。 （ ）

10. 每个设置点的灭火器数量不宜少于 2 具。 （ ）

第五章　消防基本能力训练

【内容提要】本章围绕单位消防安全四个基本能力的培养，介绍了常用消防设施与器材操作训练，扑救初起火灾训练，火场疏散逃生基本方法训练、组织开展消防安全宣传教育和消防安全检查训练。通过本章学习，读者应会操作、使用常用消防器材，会处置初起火灾，能组织引导人员火场疏散逃生，会开展消防安全宣传教育，会检查消除火灾隐患。

第一节　常用消防设施与器材操作训练

一、消防专用电话识别与操作训练

1. 训练目的。

考察参训人员对消防专用电话的组成、性能、适用范围、使用要求以及操作方法的掌握情况。

2. 场地器材。

在考核现场标出起点线，距起点线 1m 处标出器材线，器材线上放置消防专用电话 1 台。

3. 训练程序。

（1）参训人员在起点线一侧 3m 处站成一列横队，逐个进行操作训练。

（2）每名参训人员指出指定消防专用电话的名称、适用范围、使用方法及注意事项。

（3）每名参训人员对消防专用电话进行操作，第一步拿起消防专用电话上的电话线插入电话线插口内，第二步使电话能够与消防控制中心电话主机连线。

4. 考核时限。

考核时限为 2min。

5. 成绩评定。

成绩评定分为合格和不合格，有下列情况之一者判定为不合格：

（1）名称辨识错误。

（2）除名称外，其他问题回答错误 2 处（含）以上。

（3）不能与主机正常连线。

（4）超过考核时限。

二、消防应急广播识别与操作训练

1. 训练目的。

考察参训人员对消防应急广播系统构成、功能、作用、使用要求以及操作方法的掌握情况。

2. 场地器材。

消防控制室技能鉴定室，门前 1m 处标出起点线。

3. 训练程序。

（1）参训人员在起点线一侧 3m 处站成一列横队，逐个进行操作训练。

（2）每名参训人员对应控制室设备，指出消防应急广播模块所在位置，并对应说出 CD 录放盘、播音话筒、广播分配盘、功率放大器等的对应位置。

（3）每名参训人员根据考评员命令，先后完成"将控制器设为手动工作方式、按下消防广播启动按键、打开功放电源开关、按下录放盘启动按钮、播放疏散语音、按下话筒通话键、调节音量大小"等操作。

4. 考核时限。

考核时限为 2min。

5. 成绩评定。

成绩评定分为合格和不合格，有下列情况之一者判定为不合格：

（1）未正确指出应急广播所在位置。

（2）对应组成部分回答错误 1 处（含）以上。

（3）遗漏或违反训练程序。

（4）超过考核时限。

三、消防控制室综合应用操作训练

1. 培训目的。

考察参训人员对消防控制室设备功能操作方法和要求的掌握情况。

2. 场地器材。

选择一个消防控制室，在消防控制室前 5m 标出起点线。

3. 训练程序。

（1）参训人员在起点线一侧 3m 处站成一列横队，逐个进行操作训练。

（2）每名参训人员进入消防控制室，将消防控制室的自动模式调整为手动模式，依次对火灾报警、消防广播、机械排烟、消防泵等进行启动及关闭操作。

4. 训练要求。

（1）要严格按照操作规程操作。

（2）考核时限为3min。

5. 成绩评定。

成绩评定分为合格和不合格，有下列情况之一者判定为不合格：

（1）操作失误或违反操作规程。

（2）超过考核时限。

操作训练完成后，参训人员对相关设施进行复位操作。

四、防火卷帘操作训练

1. 培训目的。

考察参训人员对防火卷帘的组成、适用范围、操作方法及注意事项的掌握情况。

2. 场地器材。

在消防设施齐全的模拟训练场地或建筑物楼层内防火卷帘前标出起点线和操作区。

3. 训练程序。

（1）参训人员在起点线一侧3m处站成一列横队，逐个进行操作训练。

（2）参训人员口述常见防火分隔物的名称、适用范围、使用方法及注意事项。

（3）参训人员进行操作训练，先找到设在卷帘一侧储藏箱内的一条圆环式铁锁链，手动操作此锁链，查看防火卷帘是否能够正常升起和降落；通过防火卷帘一侧电动控制器，电动操作防火卷帘，查看防火卷帘是否能够正常升起和降落；触发相关的两个火灾探测器，查看防火卷帘能否正常下降（当现场防火卷帘为"两步降"防火卷帘时，在触发其中一个火灾探测器时，防火卷帘下降至距地面1.8m处停下，在触发另一个火灾探测器时，防火卷帘下降到底）。

（4）参训人员跑至消防控制室，将消防联动控制器设置为手动控制，并按下相应的防火卷帘按钮，查看启动信号灯是否亮灯，待至3～5s后查看反馈信号灯是否亮灯，并检查防火卷帘是否下降。

操作训练完成后，参训人员将有关设备复位。

4. 考核时限。

考核时限为5min。

5. 成绩评定。

成绩评定分为合格和不合格，有下列情况之一者判定为不合格：

（1）名称辨识错误。

（2）除名称外，其他问题回答错误2处（含）以上。

（3）操作不准确。

（4）超过考核时限。

五、防排烟设施识别与操作训练

1. 训练目的。

考察参训人员识别防排烟设施、操作防排烟设施的情况。

2. 场地器材。

在消防设施齐全的楼层防排烟设施前标出起点线，距起点线 1m 处标出操作线。

3. 训练程序。

（1）参训人员在起点线一侧 3m 处站成一列横队，逐个进行操作训练。

（2）参训人员口述防排烟设施的名称、适用范围、使用方法和注意事项。

（3）参训人员按下手动盘排烟口启动按钮，按下专线盘排烟机启动按钮，待排烟风机启动，测量风速和响应时间。测试完毕后，参训人员按下控制室内火灾自动报警主机"复位"按钮，系统复位后，显示屏显示"系统运行正常"、"设施复位"。

操作训练完成后，参训人员将有关设备复位。

4. 考核时限。

考核时限为 3min。

5. 成绩评定。

成绩评定分为合格和不合格，有下列情况之一者判定为不合格：

（1）名称辨识错误。

（2）除名称外，其他问题回答错误 2 处（含）以上。

（3）未正常启动防排烟设备。

（4）操作完毕后未将设备复位。

（5）超过考核时限。

六、消防电梯操作训练

1. 训练目的。

考察参训人员对消防电梯的操作方法、组成、性能、适用范围和使用方法、要求及注意事项的掌握情况。

2. 场地器材。

在设有消防电梯的建筑物首层电梯间内标出起点线，距起点线 5m 处标出操作线，起点线处放置手斧 1 把。

3. 训练程序。

（1）参训人员在起点线一侧 3m 处站成一列横队，逐个进行操作训练。

（2）参训人员口述消防电梯的名称、适用范围、使用方法和注意事项。

（3）参训人员至首层的消防电梯前室，先用手斧将保护消防电梯按钮的玻璃片击碎，按下消防电梯红色按钮，待消防电梯轿厢打开后进入轿厢内，参训人员用手紧按关门按钮直至电梯门关闭，用另一只手将希望到达的楼层按钮按下，直到电梯启动才能松手。

操作训练完成后，参训人员将消防电梯复位。

4. 考核时限。

考核时限为 3min。

5. 成绩评定。

成绩评定分为合格和不合格，有下列情况之一者判定为不合格：

（1）名称辨识错误。

（2）其他问题回答错误 2 处（含）以上。

（3）未按照规定检查消防电梯或正常使用。

（4）未能正常启动消防电梯。

（5）超过考核时限。

七、水泵接合器识别与操作训练

1. 训练目的。

考察参训人员对各类水泵接合器的名称、适用范围、使用方法和注意事项的掌握情况，以及利用水泵接合器供水方法和要求的掌握情况。

2. 场地器材。

一座设置有地上式水泵接合器、地下式水泵接合器、墙壁式水泵接合器的实地，在距其 10m 处标出起点线。

3. 训练程序。

（1）参训人员在起点线一侧 3m 处站成一列横队，逐个进行操作训练。

（2）参训人员分别找出设置的三种类型水泵接合器，并说出每种水泵接合器的名称、适用范围、工作区域、使用方法和注意事项。

（3）参训人员从车上取 2 盘 65mm 的水带，甩开水带，分别连接消防车两个出水口，打开水泵接合器闷盖，连接水带与水泵接合器。

操作训练完成后，参训人员将器材复位。

4. 训练要求。

（1）考核时限为 3min。

（2）水带接口不得脱口、卡口。

（3）根据水带接口规格携带匹配的转换接口。

5. 成绩评定。

成绩评定分为合格和不合格，有下列情况之一者判定为不合格：

（1）各类型水泵接合器中，有一项名称回答错误。

（2）各类型水泵接合器中，除名称外，其他问题回答错误 2 处（含）以上。

（3）水带脱口、卡口。

（4）遗漏或违反训练程序和要求。

（5）超过考核时限。

八、固定消防泵组识别与操作训练

1. 训练目的。

考察参训人员对固定消防泵的组成、性能、适用范围、使用方法和注意事项的掌握情况，以及对固定消防泵组操作的使用方法和要求的掌握情况。

2. 场地器材。

在考核现场设置起点线，起点线 1m 处为操作区，操作区放置固定消防泵组 1 台。

3. 训练程序。

（1）参训人员在起点线一侧 3m 处站成一列横队，逐个进行操作训练。

（2）参训人员指出固定消防泵组的名称、适用范围、使用方法和注意事项。

（3）参训人员对固定消防泵组进行启动和停止操作。第一步，检查设备处于正常状态，手动启动一台消防泵，检查消防泵是否启动，同时记录启动时间；第二步，检查设备处于正常状态，开启设备出水阀门至消防启动流量或压力，检查消防泵是否启动，同时检验备用泵的启动状态；第三步，检查设备处于正常状态，远距离操作启动消防泵，检查消防泵是否启动，同时记录时间。

操作训练完成后，参训人员将器材复位。

4. 考核时限。

考核时限为 8min。

5. 成绩评定。

成绩评定分为合格和不合格，有下列情况之一者判定为不合格：

（1）名称回答错误。

（2）其他内容回答错误 2 处（含）以上。

（3）操作前未做好启泵检查。

（4）未正常启动消防泵。

（5）超过考核时限。

九、自动喷水灭火系统识别与操作训练

1. 训练目的。

考察参训人员对自动喷水灭火系统的类型、组成、功能及作用的掌握情况，以及对自动喷水灭火系统消防水泵、报警阀组、末端试水装置操作技能的掌握情况。

2. 场地器材。

自动喷水灭火系统技能鉴定室，门前 1m 处标出起点线。

3. 训练程序。

（1）参训人员在鉴定室门外一侧 3m 处站成一列横队，逐个进行操作训练。

（2）参训人员根据考评员命令，现场识别湿式、干式、预作用和雨淋系统，根据考评员指示，现场辨识某一类灭火系统的报警阀、延迟器、水力警铃、压力开关、控制阀、末端试水装置。

（3）根据考核人员给定的操作任务，参训人员分别操作湿式、干式、预作用和雨淋系统的消防水泵、报警阀组、末端试水装置。

4. 考核时限。

考核时限为 5min。

5. 成绩评定。

成绩评定分为合格和不合格，有下列情况之一者判定为不合格：

（1）分辨自动喷水灭火系统少于 2 类。

（2）未正确辨认出相应自动喷水灭火系统的 3 项组件。

（3）违反训练程序。

（4）超过考核时限。

十、消防安全标志识别训练

1. 训练目的。

考察参训人员对常见消防安全标志的识别情况。

2. 场地器材。

在考核现场标出起点线，距起点线 1m 处标出器材线，器材线上放置 1 块磁性板，板上贴有安全标志、标签 4 个。

3. 训练程序。

（1）参训人员在起点线一侧 3m 处站成一列横队，逐个进行操作训练。

（2）参训人员指出标志的含义。

4. 考核时限。

考核时限 60s。

5. 成绩评定。

成绩评定分为合格和不合格，有下列情况之一者判定为不合格：

（1）有 1 个标志名称回答错误。

（2）各类型消防安全标志中，除名称外，其他问题回答错误 2 处（含）以上。

（3）超过考核时限。

第二节　扑救初起火灾训练

一、灭火器识别及扑救初起火灾训练

（一）灭火器识别训练

1. 训练目的。

考察参训人员对各类灭火器名称、适用范围和使用方法及注意事项的掌握情况。

2. 场地器材。

在考核现场标出起点线，距起点线 1m 处标出器材线，在器材线上分别放置清水灭火器、泡沫灭火器、ABC 类干粉灭火器、二氧化碳灭火器各一具（全部撕去标签）。

3. 训练程序。

（1）参训人员在起点线一侧 3m 处站成一列横队，逐个进行操作训练。

（2）参训人员依次对各类灭火器进行喷射，喷射过后放回原处，然后依次说出各类灭火器的名称、适用灭火对象、禁用灭火对象。

4. 考核时限。

考核时限为 4min。

5. 成绩评定。

成绩评定分为合格和不合格，具有下列情况之一者判定为不合格：

（1）所有灭火器中，有一项名称回答错误。

（2）除名称外，其他内容回答错误 2 处（含）以上。

（3）超过考核时限。

（二）灭火器灭油盘火训练

1. 训练目的。

考察参训人员对手提式泡沫灭火器和干粉灭火器灭油盘火方法和要求的掌握情况。

2. 场地器材。

在长 50m、宽 2.5m 的跑道上，标出起点线、终点线。起点线前 35m 处标出喷射线，40m 至 42m 处为燃烧区，燃烧区内设置油盘 1 个。起点线上放置 6L 手提式泡沫灭火器 1 具和 6kg 手提式干粉灭火器 1 具。

3. 训练程序。

（1）参训人员着灭火防护服，佩戴个人防护装备在起点线一侧 3m 处站成一列横队，逐个进行操作训练。

（2）参训人员携带灭火器跑向油盘（根据现场风向选择喷射点），拔出保险销，跑到喷射线右（左）手握住压把，左（右）手紧握喷枪，用力下压压把。使用手提式泡沫灭火器时对准油盘内壁喷射或使用手提式干粉灭火器时对准火焰根部喷射，待火焰完全熄灭后，携带灭火器冲出终点线。

4. 训练要求。

（1）操作时，灭火器不得触地，底部不得正对人体。

（2）操作时，参训人员应拉下头盔面罩并佩戴手套。

（3）喷射时，参训人员应占据上风或侧上风位置。

（4）考核时限为1min。

5. 成绩评定。

成绩评定分为合格和不合格。具有操作时灭火器触地、未占据上风或侧上风位置、未对准火焰根部喷射情况之一者加2s。具有下列情况之一者判定为不合格：

（1）未能将火全部扑灭。

（2）未按要求佩戴和使用个人防护装备。

（3）操作灭火器时，喷枪正对人体。

（4）超过考核时限。

二、消火栓识别及扑救初起火灾训练

1. 训练目的。

考察参训人员对室内（外）消火栓的名称、组成、性能以及利用室内、外消火栓出水枪灭火方法和要求的掌握情况。

2. 场地器材。

在距设置有室内消火栓和室外消火栓的实操教室10m处标出起点线，距离起点线1m处标出器材线，器材线上放置65mm水带2盘、水枪1支、异型接口1个，在实操教室设置室内消火栓1具、设室外消火栓1具。

3. 训练程序。

（1）参训人员在起点线一侧3m处站成一列横队，逐个进行操作训练。

（2）参训人员着灭火防护服，佩戴个人防护装备在起点线一侧3m处站成一列横队，逐组进行操作训练。

（3）参训人员在实操教室周边分别找出室内消火栓和室外消火栓，并说出该类型消火栓的名称、适用范围、使用方法和注意事项。

（4）参训人员2人一组，第一名携带1盘水带和水枪，第二名携带1盘水带（备用）和异型接口，跑至实操教室室内消火栓处；第二名打开消火栓箱，连接消火栓接口与异型接口；第一名铺设1盘水带，分别连接消火栓和水枪，成立射姿势，第二名举手示意操作结束。

（5）参训人员2人一组，第一名携带1盘水带和水枪，第二名携带1盘水带（备用）和异型接口，跑至实操教室旁室外消火栓处；第二名连接消火栓接口与异型接口；第一名铺设 1 盘水带，分别连接室外消火栓和水枪，面向实操教室成射立姿势，第二名举手示意操作结束。

4. 训练要求。

（1）水带接口不得脱口、卡口。

（2）考核时限 2min。

5. 成绩评定。

成绩评定分为合格和不合格，有下列情况之一者判定为不合格：

（1）有一项消火栓名称回答错误。

（2）除消火栓名称外，其他内容回答错误 2 处（含）以上。

（3）水带接口脱口、卡口。

（4）超过考核时限。

第三节　火场疏散逃生基本方法训练

一、消防过滤式自救呼吸器识别与操作训练

1. 训练目的。

考察参训人员对消防过滤式自救呼吸器的名称、组成、性能、适用范围、佩戴方法和注意事项的掌握情况。

2. 场地器材。

在考核现场上标出起点线，距起点线 1m 处标出器材线，器材线上放置消防员消防过滤式自救呼吸器、空气呼吸器、氧气呼吸器各 1 套。

3. 训练程序。

（1）参训人员在起点线一侧 3m 处站成一列横队，逐个进行操作训练。

（2）参训人员辨别出消防过滤式自救呼吸器，说出其名称、组成、性能、适用范围、使用方法和注意事项。

（3）参训人员迅速至器材线处单膝跪地，将过滤式自救呼吸器打开，从面罩后面开口处戴到头上，调整好面罩，待呼吸正常后，戴好头盔，系紧盔带。

4. 训练要求。

（1）检查准备时要逐一报告面罩有无划痕、过滤口是否完好等情况。

（2）面罩后部松紧适宜，松紧带紧贴头部。

（3）考核时限为 2min。

5. 成绩评定。

成绩评定分为合格和不合格，有下列情况之一者判定为不合格：

（1）辨别错误。

（2）组成、性能、适用范围、使用方法及注意事项回答错误 2 处（含）以上。

（3）面罩松紧带未紧贴头部。

（4）违反操作规程和要求。

（5）超过考核时限。

二、缓降器与救生软梯操作训练

（一）缓降器操作训练

1. 训练目的。

考察参训人员对缓降器的掌握情况。

2. 场地器材。

在实操教室第四层窗前标出起点线，起点线上放置缓降器1部，在第三层窗口内设置支点2处（1处为可悬挂缓降器的支点，另1处为连接安全绳的保护支点）。

3. 训练程序。

（1）参训人员在起点线一侧3m处站成一列横队，逐个进行操作训练。

（2）参训人员至起点线连接安全绳，将缓降器调速器固定在支点上，从窗口抛下绳索，确认绳索完全打开并落至地面，将安全带套于腋下，收紧带夹，解开安全绳，站在窗台上，面向窗内，双手扶窗框，使身体悬于窗外，松开双手匀速下降。安全落地后，解下安全带，并向下拉动绳索，使绳索另一端的安全带上升至第四层窗口处。

4. 训练要求。

（1）缓降器固定要牢固，展开绳索时不能打结。

（2）开始下降时，严禁跳跃。

（3）下降过程中双手轻扶墙面，并注意观察下方。

（4）动作连贯，按照训练程序和要求完成全部操作。

5. 成绩评定。

成绩评定分为合格和不合格，未能按照训练程序和要求完成为不合格。

（二）救生软梯操作训练

1. 训练目的。

考察参训人员对救生软梯操作使用的掌握情况。

2. 场地器材。

距实操教室5m处标出起点线，距起点线1m处标出器材线，器材线上放置救生软梯1架、4m绳2条，在实操教室第三层窗口内设置支点3处（2处为救生软梯的支点，另1处为连接安全绳的保护支点）。

3. 训练程序。

（1）参训人员着作训服在起点线一侧3m处站成一列横队，逐个进行操作训练。

（2）参训人员携带救生软梯登至实操教室第三层窗口，连接安全绳，利用4m

绳固定救生软梯，沿窗口放下软梯，软梯着地。

4. 训练要求。

（1）参训人员要在三层窗口内设置安全绳保护。

（2）救生软梯支点不少于 2 处。

（3）软梯要缓慢下放，软梯梁保持平整。

（4）考核时限为 2min。

5. 成绩评定。

成绩评定分为合格和不合格，具有下列情况之一者判定为不合格：

（1）直接抛扔软梯的，梯梁不平整。

（2）未连接保护绳进行安全保护。

（3）救生软梯支点少于 2 处。

（4）超过考核时限。

三、伤员搬运训练

1. 训练目的。

考察参训人员对脊柱受伤人员搬运方法和要求的掌握情况。

2. 场地器材。

在考核现场标出起点线，距起点线 5m 处标出终点线，终点线前放置泡沫垫 1 张，泡沫垫上平躺辅助人员 1 名。

3. 训练程序。

（1）参训人员在起点线一侧 3m 处站成一列横队，逐个进行操作训练。

（2）参训人员至终点线先将伤者双下肢伸直，上肢也要伸直放在身旁，脊柱固定板放在伤者一侧。三名参训人员水平托起伤者躯干，由一人指挥整体行动，将伤者平起平放移至脊柱固定板上，做好固定后，一起将伤员搬运出起点线。

4. 训练要求。

（1）对疑有脊柱骨折的伤者，均应按脊柱骨折处理。

（2）脊柱受伤后，不能随意翻身、扭曲。

（3）在搬运过程中动作要轻柔、协调，以防止躯干扭转。

（4）对颈椎受损的伤者，搬运时要有专人扶持。

（5）考核时限为 5min。

5. 成绩评定。

成绩评定分为合格和不合格，具有下列情况之一者判定为不合格：

（1）遗漏或违反训练程序。

（2）超过考核时限。

四、组织班（组）实施预案演练训练

1. 训练目的。

考察参训人员组织班（组）实施预案演练方法和要求的掌握情况。

2. 场地器材。

会议室、投影仪、抽签电脑。

3. 训练程序。

（1）参训人员在会议室按考核顺序坐好。

（2）参训人员就座于考生席，由考评员抽取预案类型。采取问答的方式，参训人员根据投影仪上预案的情况口述班（组）实施预案演练的组织实施，答题完毕喊"答题完毕"。

4. 考核时限。

考核时限为2min。

5. 成绩评定。

成绩评定分为合格和不合格，有下列情况之一者判定为不合格：

（1）回答的内容不符合实际情况。

（2）超过考核时限。

第四节　组织开展消防安全宣传教育训练

一、消防安全宣传教育基础资料的搜集与整理训练

（一）搜集和整理内容的训练

1. 文字材料。

文字材料包括消防法律法规和方针政策、上级文件、会议材料，有关消防宣传教育经验做法、火灾事故统计与分析、消防监督管理的基础数据、典型火灾事故案例，有关消防宣传教育方面的论文、调研资料，媒体上发表的有关文章、消防安全小常识、标语口号等搜集，分类汇总训练。

2. 图片、影像资料。

图片、影像资料包括消防工作整体情况、业务建设情况、阶段性重点工作和队伍建设情况，重大活动的部署、检查、落实情况和重大火灾事故现场情况，明察暗访等方面的图片、影像等资料搜集，分类汇总训练。

（二）搜集方法的训练

搜集方法的训练包括走访调查、调阅文件、参加会议、浏览网页、日常积累等项目训练。

二、消防安全宣传教育常用的授课方法训练

（一）讲授法训练

1. 训练内容。

通过训练，使受训者能通过讲述一起火灾案例的基本情况、主要经过、火灾原因及事故教训等，系统生动地叙述事实材料或描绘所讲对象。

2. 考核要求。

受训者讲授时应到达以下要求：

（1）全面讲授，突出重点。

（2）层次分明，逻辑性强。

（3）语言精练，表达准确。

（4）讲究方法，注重实效。

（5）提纲挈领，善于归纳。

（二）演示法

1. 训练内容。

通过展示实物、教具、示范性实验、模拟演示、图像演示、动作演示等，以显示真实的或模拟的各种现象和过程，使培训对象从观察中获得感性知识，正确领会概念。

2. 考核要求。

受训者讲授时应到达以下要求：

（1）目的明确，选择演示方法正确。

（2）演示与提问、讲授相结合。

三、消防安全宣传教育常用的训练方法应用训练

1. 训练内容。

受训者根据培训对象，选择训练内容、训练方法和训练手段，制订培训计划，按照有关训练程序组织与实施。

2. 考核要求。

（1）与训练目的、训练内容、训练对象和训练设施相适应。

（2）训练手段选择正确。

（3）训练计划周密。

（4）训练组织与实施程序符合要求。

（5）操作讲解示范规范准确。

第五节 消防安全检查训练

一、火灾隐患辨识及整改训练

1. 训练目的。

考察参训人员对火灾隐患辨识及其整改知识和技能的掌握情况。

2. 场地器材。

培训教室内张贴安全疏散通道、疏散指示标志、应急照明、安全出口、消防车通道以及消防水源等有火灾隐患的照片，不少于 10 张。

3. 训练程序。

组织参训人员口述火灾隐患照片上反映出的隐患情形，并简述整改要点。

4. 考核时限。

考核时限 3min。

5. 成绩评定。

成绩评定分为合格和不合格，有下列情况之一者判定为不合格：

（1）火灾隐患辨识不清或者错误。

（2）火灾隐患整改措施回答错误 2 处（含）以上。

（3）超过考核时限。

二、灭火器材配置训练

1. 训练目的。

考察参训人员对灭火器配置知识的掌握情况。

2. 场地器材。

培训教室内设定一特定情境，要求参训人员绘制出配置场所的灭火器配置图。

3. 训练程序。

可绘图作业，也可结合教室情况口试。

4. 考核时限。

考核时限 5min。

5. 成绩评定。

成绩评定分为合格和不合格，有下列情况之一者判定为不合格：

（1）灭火器选型或者配置错误。

（2）超过考核时限。

三、违章用火、用电隐患辨识训练

1. 训练目的。

考察参训人员对违章用火、用电隐患知识和技能的掌握情况。

2. 场地器材。

培训教室内张贴违章用火、用电隐患照片，不少于 10 张。

3. 训练程序。

组织参训人员口述火灾隐患照片上反映出的火灾隐患情形，并简述整改要点。

4. 考核时限。

考核时限 3min。

5. 成绩评定。

成绩评定分为合格和不合格，有下列情况之一者判定为不合格：

（1）火灾隐患辨识不清或者错误。

（2）火灾隐患整改措施回答错误 2 处（含）以上。

（3）超过考核时限。

四、消防控制室值班情况和设施运行、记录检查训练

1. 训练目的。

考察参训人员对消防控制室值班情况和设施运行、记录检查知识和技能的掌握情况。

2. 场地器材。

火灾自动报警系统模拟教室内。

3. 训练程序。

组织参训人员识别消防控制室内设施设备，口述消防控制室火灾事故应急处置程序，检查消防控制室值班记录的填写是否有误。

4. 考核时限。

考核时限 3min。

5. 成绩评定。

成绩评定分为合格和不合格，有下列情况之一者判定为不合格：

（1）消防控制室设备设施辨识不清或者错误。

（2）消防控制室值班记录填写回答错误 2 处（含）以上。

（3）消防控制室应急程序回答错误。

（4）超过考核时限。

练习题

一、单项选择题

1. 采取适当的措施，使燃烧因缺乏或断绝氧气而熄灭，这种方法称作____。 （   ）

A. 窒息灭火法

B. 隔离灭火法

C. 冷却灭火法

D. 抑制灭火法

2. 下列____项属于禁止烟火的标志。　　　　　　　　　　　　　　　　（　　）

A.

B.

C.

D.

3. 使用灭火器扑救火灾时要对准火焰____喷射。　　　　　　　　　　　（　　）

A. 上部

B. 中部

C. 根部

D. 中下部

4. 下列灭火器的灭火机理为化学抑制作用的是____。　　　　　　　　　（　　）

A. 泡沫灭火器

B. 二氧化碳灭火器

C. 水基型灭火器

D. 干粉灭火器

5. 湿式报警阀适用于____。　　　　　　　　　　　　　　　　　　　　（　　）

A. 湿式系统

B. 干式系统

C. 预作用系统

D. 雨淋系统

二、多项选择题

1. 以下____项不属于消防安全"四个能力"的内容。　　　　　　　　　（　　）

A. 检查消除火灾隐患能力

B. 组织扑救初起火灾能力

C. 组织人员疏散逃生能力

D. 组织火灾原因调查能力

E. 消防宣传教育培训能力

2. 以下关于消防安全标志的设置，正确的是____。　　　　　　　　　（　　）

A. 安全出口门上设置"禁止阻塞"的标志

B. 消防车通道上设置"禁止占用"的标志

C. 防火卷帘下方设置"严禁堆放物品"的标志

D. 消防电梯门口设置"火灾时不要使用电梯逃生"的标志

E. 防火间距上设置"禁止通行"的标志

3. 某高层宾馆按照制订的消防应急预案，组织进行灭火和应急疏散演练。下列程序中，正确的有____。　　　　　　　　　　　　　　　　　　　　　　　　（　　）

A. 确认火灾后，消防控制室值班人员先报告值班领导

B. 接到火警后，立即通知保安人员进行确认

C. 确认火灾后，消防控制室值班人员立即将火灾报警联动控制开关转入自动状态，同时拨打"119"报警

D. 确认火灾后，通知宾馆内各层客人疏散

E. 确认火灾后，组织宾馆专业消防队进行初起灭火

4. 按照有关规定，消防安全重点单位制订的灭火和应急疏散预案应当包括____。（　　）

A. 领导机构及其职责

B. 报警和接警处置程序

C. 自动消防设施保养程序

D. 应急疏散的组织程序和措施

E. 扑救初起火灾的程序和措施

5. 针对人员密集场所存在的下列隐患情况，根据《重大火灾隐患判定办法》的规定，可判定为重大火灾隐患要素的有____。（　　）

A. 火灾自动报警系统处于故障状态，不能恢复正常运行

B. 一个防火分区设置的6樘防火门有2樘损坏

C. 设置的防排烟系统不能正常使用

D. 安全出口被封堵

E. 商场营业厅内的疏散距离超过规定距离的20%

三、判断题（正确的请在括号内打"√"，错误的请在括号内打"×"）

1. 生产、储存、经营其他物品的场所不得与居住场所设置在同一建筑物内，并应当与居住场所保持安全距离。（　　）

2. 消防安全标志按照标志内容分为：火灾报警标志，火灾时疏散途径标志，灭火设备的标志，具有火灾、爆炸危险的地方或物质的标志和方向辅助标志。（　　）

3. 每个设置点的灭火器数量不得少于2具。（　　）

4. 举办大型群众性活动，承办人应当依法向公安机关消防机构申请安全许可。（　　）

5. 手提式水基型灭火器出厂时间达到10年应报废。（　　）

主要参考文献

［1］全国人大常委会法工委刑法室，公安部消防局编著：《中华人民共和国消防法释义》，人民出版社，2009 年版。

［2］杜兰萍等主编：《中国消防手册第二卷》，上海科学技术出版社，2009 年版。

［3］景绒主编：《消防监督管理》，中国人民公安大学出版社，2014 年版。

［4］景绒主编：《灭火设施》，机械工业出版社，2013 年版。

［5］黄金印主编：《消防安全管理概论》，机械工业出版社，2014 年版。

［6］闫宁主编：《消防安全管理实务》，中国劳动社会保障出版社，2011 年版。

［7］公安部消防局编：《消防监督检查》，国家行政学院出版社，2015 年版。

［8］公安部消防局编：《消防安全技术实务》，机械工业出版社，2016 年版。